企鹅 告诉我的 物理故事

ペンギンが教えてくれた物理のはなし

〔日〕渡边佑基 著 管莹 译

中国妇女出版社

PENGUIN GA OSHIETEKURETA BUTSURI NO HANASHI by Yuuki Watanabe
Copyright © Yuuki Watanabe, 2020
All rights reserved.
Original Japanese edition published by KAWADE SHOBO SHINSHA Ltd. Publishers
Simplified Chinese translation copyright © 2023 by China Women Publishing House Co., Ltd.
This Simplified Chinese edition published by arrangement with KAWADE SHOBO SHINSHA Ltd. Publishers, Tokyo, through HonnoKizuna, Inc., Tokyo, and Shinwon Agency Co. Beijing Representative Office, Beijing

著作权合同登记号　图字：01-2022-2206

图书在版编目（CIP）数据

企鹅告诉我的物理故事／（日）渡边佑基著；管莹译. —— 北京：中国妇女出版社，2023.5
ISBN 978-7-5127-2240-8

Ⅰ.①企…　Ⅱ.①渡…　②管…　Ⅲ.①物理学－青少年读物　Ⅳ.①O4-49

中国国家版本馆CIP数据核字（2023）第000999号

策划编辑：王　琳　　　　　**封面设计**：季晨设计工作室
责任编辑：陈经慧　　　　　**责任印制**：李志国

出版发行：中国妇女出版社
地　　址：北京市东城区史家胡同甲24号　　**邮政编码**：100010
电　　话：（010）65133160（发行部）　　65133161（邮购）
邮　　箱：zgfncbs@womenbooks.cn
法律顾问：北京市道可特律师事务所
经　　销：各地新华书店

印　　刷：三河市祥达印刷包装有限公司
开　　本：150mm×215mm　1/16
印　　张：15.5
字　　数：200千字
版　　次：2023年5月第1版　　2023年5月第1次印刷
定　　价：59.80元

如有印装错误，请与发行部联系

前　言

对于小时候的我来说，人生最大的谜团，就是自己将来会从事什么样的职业。

我也算是个追星族吧。小学的时候，沉迷于看漫画杂志《周刊少年 Jump》，于是就梦想成为一名漫画家；迷恋于电子游戏，所以就憧憬成为一名职业的游戏选手；喜欢上了钓鱼，因此又幻想着能够驾驶着自己的小船，辗转于各种竞技赛之间，成为一名专业的浮钓师。

成为中学生之后，尽管变得稍微现实了一些，但"想成为一名厨师""果然还是以医生为目标吧""不，我一定要成为一名宇航员"……诸如此类，关于将来的梦想还是不断地变来变去，不着边际。

长大之后，到底会从事什么样的职业呢？对于这一点，我实在是太迫不及待地想知道了。虽然十多年后，理所当然的，只能从这众多的可能性当中选择一个作为职业，但我却觉得这件事非常不可思议，如同宇宙尽头的另一边有什么神秘物质一般。

——然后，35 岁的今天，忽地回过神来，我已经成了一名生物学者。生物学者？！尽管小时候有过那么多的想象，却发现自己从事了一份完全没预想到的职业。

我是一名生物学者，就职于位于东京都立川市的日本国立极地研究所。日本国立极地研究所，顾名思义，就是以南极、北极作为舞台，进行生物学、地学、物理学等多种多样的自然科学研究的研究所。所以我也几乎每年都会去南极、北极，现场对企鹅和海豹等野生动物进行生态调查。但我也研究夏威夷海域的鲨鱼等动物，这时通常都只跟极地研究所的上司打声招呼说"我去美国了"，然后就"偷偷摸摸"地跑去研究了。

我的调查旅行所用的大运动包里，一定会装着好几台圆筒形的小型电子仪器。这些仪器根据类型的不同略有差别，有跟人食指差不多大小的，有长约 15 厘米的，但基本构造和使用方法等都是一样的。在连接电脑装配完成之后，仪器被轻轻地安到捕获的动物身上（企鹅和海豹等动物安放在背脊处，鲨鱼则安放在背鳍上），几天或几周后对动物进行再次捕获，或利用计时器将仪器从动物身上分离，回收之后将数据下载下来，就能详细地知道动物曾在何处做了什么。

这就是本书的关键词，我这近十年来一直在使用的叫作"生物记录"的调查手法。

为什么现在要谈到生物记录呢？

对于野生动物的研究，通常都是从观察开始的。鹿的研究人员观察鹿、乌鸦的研究人员观察乌鸦——用望远镜仔细地进行观察之后，再将观察到的情况记录在册。研究人员还要对其现场的地形和植物区系等进行调查，或者对动物粪便进行采样以查明所摄入的食物。这是从写《昆虫记》的作者法布尔的时代开始，就一成不变的生态学的基本研究风格。

但是在观察当中，有无论如何也逾越不了的障碍。

要是隔着双筒望远镜所看到的鹿注意到了我们的存在，穿过树丛慌忙地跑走了，那就真是束手无策了。垃圾场的乌鸦们进完食，拍拍翅膀消失在大楼之间的话，那也是无计可施的。说起来，人类所能看到的鹿和乌鸦等动物的那些行动，实际上只是它们生活状态中有限的一部分，是极其片段的信息。而且如果像是飞越群山的鸟类、在海里自由自在游来游去的鱼和海豹、鲸之类的动物，那就连片段的信息都很难获取。

为了弥补这种观察的局限性而开发出来的方法，就是生物记录。在动物身上安装的各种传感器代替了人类的眼睛，对动物的行动进行详细的、长时间的"观察"，将人眼所不可及的动物动作，或者人眼捕捉不了的迅速动作，作为客观的数据资料，时时刻刻地记录下来。

可以说，生物记录就是来自未来的望远镜，是将远超人眼极限的观察变成可能的、魔法般的望远镜。尽管如此，研究的本质风格并没有改变，通过观察、记述、考察这些实实在在的过程来探索自然界的真实，生物记录就是为此而生的"望远镜"。

借着电子设备高速发展的强劲东风，生物记录的方法当下正在全世界范围内以惊人的势头推广蔓延。

伴随着生物记录手法的普及，以往用传统调查方法无法获知的野生动物的行为活动，一个接着一个地逐渐变得清晰起来。举几个例子：

● 信天翁46天就可以绕地球飞行一周。

● 韦德尔氏海豹可以将近1小时不用呼吸。

● 蓝鳍金枪鱼可以从太平洋的一端横渡到另一端，然后再游回来。

● 军舰鸟可以持续飞行三天三夜不用落脚。

全是些会让人瞠目结舌地发出"啊？！"的惊讶声的结论。野生动物的活动，是如此强大有力。

但是不能只顾着惊讶，我们必须打起精神来好好做学问。

为什么这些动物能有这样极致的运动行为呢？虽说是信天翁，但作为和麻雀、乌鸦等一样的鸟类，为什么只有它能够做到在区区46天内就绕地球飞行一周呢？虽说是海豹，但同为哺乳类动物，为什么只有它可以切断作为生命之源的氧气长达1小时？为什么信天翁和海豹等动物可以如此肆意妄为？再进一步说，为什么鸟类可以在天空飞翔，海豹可以潜入海里……

像这样朴素的问题层出不穷，而且这些朴素的问题，很多都包含关于动物是如何适应环境、进行进化等这类非常根本的问题。

因此在本书当中，让我们对这些疑问好好地进行思考吧。

听上去很难吗？不，不用担心。信天翁、海豹和金枪鱼等拥有令人难以置信的运动能力的背后，其实就是重力和能量守恒定律这些极其简单的物理学原理。只要再稍微加上一点代谢速度（也就是动物的天生能量）等生物学的基本原理，就能清晰地解释那些乍看起来复杂、奇怪的野生动物的行为模式了。

也就是说，如果用一句话来表达本书的主旨，那就是：

介绍在生物记录中发现的野生动物充满活力的动态，揭示其背后的机制和进化的意义。

这样的领域应该称之为什么呢？行动生态学？动物行动学？这样称呼确实没错，但太笼统，也太死板了，那就随便起个名字吧：

企鹅物理学。

瞧，简洁明了。

话说回来，我明明是个生物学者，却在这里强调物理的重要性，这是有深层的理由的。

这已经是近二十年前的事了。高中时期我喜欢的科目，不是生物学而是物理学，特别是研究物体运动的力学。棒球的飞行轨道和月球的运动，可以用相同的重力原理来说明；伴随着汽车加速、减速而产生的能量变化，可以用简单的公式来呈现。我觉得那些力学原理让我大开眼界。要说喜欢到了什么程度，就是一直以来心中的那些医生和厨师之类的梦想都不知道跑哪儿去了，然后果断地决定要投身于工学的研究学习，并参加了三四个跟工学相关的大学学科的考试（进入大学之后因故改学了生物学，其间又改学生态学）。

什么？我说的这些都只是在强调自己的喜好？不，话虽如此，但还是请大家再多听我说一点。

投身于生态学的研究之后，我当然也阅读学习了很多生态学相关的专业书籍，例如，个体数变动的预测模型、生态系统中的能量循环、对环境的适应和动物的进化，等等。

于是我突然注意到了一些事情。这些想法最初就像产生在大脑角落里的灰尘一样不起眼，但越想越膨大，渐渐巨大到转眼间就像云一样覆盖了我的整个身体。

生态学和物理学，是完全相反的学问。

生态学是注重多样性的学问。多种多样的植物和动物在环境中共存才是自然的本质，所以不要把它随意地简单化，必须正确地予以记述。

而物理学是注重普遍性的学问，目的是从乍看繁杂多样的现象当中提炼出尽可能简单、应用范围尽可能广的规律。

那么，要是把完全相反的二者放到一个空的容器里，哗啦哗啦地摇动几下会如何呢？会不会做出迄今为止谁都没见过的、充满生命力的学问呢？

恰好我有一个叫作生物记录的空容器。但生物记录只是一种方法，并不是研究本身。如何解释所得到的相关数据，取决于研究者各自的判断。

那么，就在这个又大又深的容器当中，让我们看看生态学和物理学产生的化学反应吧——这正是我十年来不变的研究风格，说信念也有信念，而它也是本书的真正主题。

本书将把动物的行为分为"洄游""潜水""飞行"等五个范畴，按章节来推进故事，只有第三章不是讲动物的行为，而是聚焦于生物记录的历史。因此，要说不同也确实不同，但流程是一样的。比如，如果读了第一章，你就应该可以想象出动物们是怎样进行洄游的，它们为什么能做到那样的事情，它们为什么有做那件事情的必要，等等。也就是说，应该能够想象出像洄游的本质。

本质——是的，刚才说到本质，因为本书的目的是传达动物行为的本质，所以并不是采用图鉴那种网罗式的书写方式，而是要做成一根虽然粗略、但是牢固的芯棒。因为只要能做到这一点，书中的内容就可以发挥作用了。

书里随处穿插了我实地调查的故事。这是为了让读者们在轻松阅读的同时，也能感受到野生动物的调查研究现场的气氛——在连水和电都不能随心所欲地使用的大自然实地里，我们是如何手忙脚乱地进行动物研究的呢？我希望大家读的时候能觉得豁然开朗。

通过本书，如果能让您欣赏到在生物记录的容器中，生态学和物理学所产生的火花四溅的化学反应，并且对由此所产生的新学问形式有了兴趣的话，作为作者的我将会感到非常开心。

目　录

第一章
迁徙：由企鹅来解开的洄游之谜

第二章
游泳：向鲨鱼学习游泳的技巧

第四章
潜水：海豹知道潜水的秘诀

第五章
飞行：信天翁讲述飞翔的真相

第一章

迁 徙

由企鹅来解开的
洄游之谜

动物要去哪里，去干什么？

冬天很适合对鸟类进行观察。原本枝繁叶茂的树木掉光了叶子，只剩下一根根的枝丫清晰可见。天空万里无云，晴朗宜人，之前布满的像陷阱一样的蜘蛛网、烦人的黏虫也消失不见，脚踩在草丛里发出沙沙作响的声音，这样舒舒服服地走走也很不错。所以我在冬天休息日的早上，会在背囊里塞上望远镜和照相机，兴冲冲地骑着自行车跑去附近的探鸟地。

尽管如此，作为一名野鸟观察者，我的技术水平还处在可怜的菜鸟阶段。高阶的野鸟观察者们对全日本的鸟都了如指掌，但我所知道的充其量也就只有在东京多摩地区能看到的数十种。不，连故乡在多摩地区的鸟我也常常想不起名字，结果就变成"那个叫什么来着？那个，长得像文鸟似的，嘴很漂亮的，看，就是那个，那个"的这种情景（此时想起来这是一种叫"蜡嘴雀"的鸟）。

但是没关系，只要能看到我的偶像红胁蓝尾鸲就可以了。像红胁蓝尾鸲这样可爱的野生鸟类，无论在西藏的腹地还是亚马孙热带雨林里，肯定都是没有的。像吞了个乒乓球似的圆滚滚的身体，大大的眼睛，恰如其名的深蓝色后背和雪白色腹部的交界处，还点缀了一些橘色，这图样之巧妙，是小筱顺子[1]也无法比拟的大自然的奇迹。而且，你说它是服务精神旺盛呢，还是单纯的反应迟钝呢？因为即

---

[1] 小筱顺子，日本时装设计师。

红胁蓝尾鸲

使我扛着大炮一样的照相机走近了，它也依旧站在原地啾啾地叫个不停，非常可爱。

但遗憾的是，在我家附近能看见红胁蓝尾鸲的时间，一年当中只有冬季的几个月而已。一到了脱下羽绒服、光溜溜的树木开始接二连三地发出新芽的季节，它们的身影就像是不知不觉间忘却的记忆一样，悄然消失不见。那么，直到下个冬季它们现身之前，这些鸟到底去了哪里，在干什么呢？

当然，冬候鸟❶并不只有红胁蓝尾鸲这一种。总是被我忘记名字的蜡嘴雀、长着斑点花纹的斑鸠，它们在冬日里旁若无人地几乎占据了整个林子，但随着春天的到来又自然而然地消失了。那么在夏日里，它们又在何处

❶ 冬候鸟：秋冬季节在某地区生活、春夏季节迁徙到其他地方的鸟，对于该地区来讲就是冬候鸟。

做些什么呢?

相反,只有在夏日里才能看到的鸟类代表是燕子。明明我们还微笑着眺望它们在屋檐下筑巢繁衍、勤劳地搬运食物的身影,可突然回过神来它们就不知道消失到哪里去了。冬天它们又在哪里干些什么呢?

想来鸟类们的季节性迁徙,是我们最能切身感受到的野生动物的不可思议之处。它们到底去了哪里,并在做什么呢?而且,它们为什么要做那些事呢?真的有必要吗?

鸟类迁徙的模式,自古以来主要是通过对各地的目击信息的口口相传来描绘大概的,如"燕子在冬天要飞去东南亚的哦""天鹅是从西伯利亚来的",等等。近年来,全日本的各种鸟类都被随机安装了标有身份编号的脚环,通过统计相应的目击信息,就能推测出它们的移动模型。

但是这种片段信息的收集必定存在局限性。鸟类是何时出发,沿着怎样的路线飞行并千辛万苦地抵达了哪里呢?它们的迁徙跟地球上季节的循环和风的类型有着什么关系呢?它们为什么必须进行那样的迁徙呢?为了回答这些根本性的问题,只有一只一只地对鸟类的移动路径进行追踪。

海洋动物就更加难懂了。金枪鱼和鲨鱼、鲸和海豹,还有海龟等,它们的洄游是不会被人碰巧目击再口口相传的。那它们是在哪里,以怎样的方式,又是为了什么而迁徙呢?

诚然，如果只限于了解金枪鱼或者鲣鱼、大马哈鱼这些在水产行业中重要的鱼种的情况，那么从各地区渔获量的季节性变化中，就能推测出它们大致的移动路线了。而且在鱼身上安放跟鸟类脚环相同原理、标有身份编号的标签后再进行放流，根据二次捕捉的地点构建其移动路线的研究也在广泛展开。

但这些依然是片段信息的堆积，不可能做到去追踪每一条鱼的活动轨迹，或者每一头鲸的动向。

于是在一切准备就绪后，一种在动物身上安装小型的定位仪，并通过它来追踪每个动物移动轨迹的技术登场了，这就是生物记录。通过最新的电子设备技术，和让动物们自己去测量自身行动的这个哥伦布的鸡蛋❶般的奇思妙想，诞生出了连法布尔和达尔文都意想不到的调查工具。

正如之后的章节所介绍的，生物记录并不是只追踪动物的移动轨迹。但是我认为，能解答"动物去哪里，去干什么？"这种简单问题的追踪技术，才是生物记录的真本领。证据就是，这十年左右的时间里有诸多种类的动物都被安上了定位仪，并且还发现在这些动物当中，有些物种几乎可以说是把整个地球当作自家庭院似的，进行着惊人的大规模移动。

❶ 哥伦布的鸡蛋：传说哥伦布在发现美洲大陆后，有人质疑他的成就，认为陆地就在那里，谁都可以发现。哥伦布听后拿起一个煮熟的鸡蛋问："谁可以立起鸡蛋？"在场的人都做不到。哥伦布将鸡蛋敲碎，于是鸡蛋立在了桌子上。他说："有些事看似简单，却没有人想到去做。"

所以本章要讲的是关于迁徙和洄游的故事。将在生物记录中已经揭示的、动物们的全球规模大迁徙进行概括，对其中的共通模式和规律等进行探寻。飞越长空的信天翁也好，环游大海的金枪鱼或鲸也好，它们都知悉全球范围内食物产生的周期，以及风、海流的模式，并懂得巧妙地加以利用。"动物要去哪里，去干什么？"正因为简单，所以这个自古以来就吸引人们关注的问题，现在已经有了相当充分的解答。就连附近出现的红胁蓝尾鸲，如果有预算的话，我都想对它进行生物记录……

灰鹱，不会结束的夏天

鸟为什么要迁徙呢？

在鹱科中，一种叫作灰鹱的鸟被记录下来的一年的飞行轨迹，对这个根本性的问题给出了最清晰的答案。

一提到鹱这类鸟，能马上就发出"啊，是那种鸟吧"这种感慨的，除了鸟类观察者们，就数渔夫和水手了。我曾经在岩手县大槌町居住，夏天乘船出海时，也能看到硕大的鹱"咻——"的一声疾速掠过海面滑翔而去的身影。因为"像切割水面一样"飞翔，所以叫鹱❶——哈哈，实在是佩服如此生动的命名。

❶ 鹱的日语名的发音与"像切割水面一样"相类似。

6

灰鹱

　　灰鹱是生活在新西兰的夏候鸟 [1]，也就是说，它们会在夏初时从别处飞来新西兰，产卵育雏，秋初时又会飞往其他地方。至于不在新西兰的时候，它们是在哪里、如何飞行的，之前只有零散的目击信息。

　　2005 年，美国加利福尼亚大学圣克鲁兹分校的研究员斯科特·谢弗等人，给正在育雏的灰鹱安装了记录仪。这样就能追踪到它们从育雏结束后飞走，再到第二年重返新西兰，这大约 7 个月的时间里的移动轨迹。

　　调查结果可以生动地总结成一句话：这只鸟在南北距离长达 1 万公里的辽阔的太平洋上，画了一个巨大的"8"字。也就是说，它首先从新西兰（8 字的左下）向东飞到南美的海域（8 字的右下）。在那里做了短暂的停留之后，朝着西北方飞越太平洋，历经千辛万苦，到达日本近

[1] 夏候鸟：春夏季节在某地区生活、秋冬季节迁徙到其他地方的鸟，对于该地区来说就是夏候鸟。

7

海（8字的左上）。之后又向东北方飞去，在阿留申群岛附近（8字的右上）稍做停留，最后又在太平洋上飞越1万公里南下，千里迢迢地回到新西兰（8字的左下）。

灰鹱的总飞行距离约6.5万公里。地球的赤道周长约为4万公里，所以这只鸟相当于在7个月的时间里绕地球赤道飞了一圈半以上。

它为什么要这么做呢？

这场规模巨大的移动，使得灰鹱从5月到9月一直都在北半球的中纬度到高纬度海域（日本太平洋沿岸和阿留申群岛附近的海域等）度过。10月到次年4月则一直生活在南半球的中纬度到高纬度海域（新西兰和南美的海域等）。

是的，它们一整年都在过夏天。

不管是在地球的北边还是南边，夏季的中纬度到高纬度海域里食物都是非常丰饶的。沐浴在灿烂的阳光之下，大量的浮游植物得以生长，以此为食的磷虾和桡足类等浮游动物得以繁殖，继而以它们为食的鱼类——灰鹱最喜欢的食物——就成群结队地被吸引而来。灰鹱几乎一整年都处在这样的夏日狂欢之中。

灰鹱靠着不可思议的长距离飞行，停止了四季的轮转，享受着"不会结束的夏天"。

可为什么它们的飞行路线呈现的是"8"字形呢？

不管在地球的北边还是南边，中纬度海域吹的盛行风叫作偏西风，风向朝东，低纬度海域吹的风则是风力强劲的信风，风向朝西。灰鹱正是充分利用这样天然的"交通工具"，来完成全球规模的迁徙的。

也就是说，不管是在北半球还是在南半球，在中纬度到高纬度的海域范围内，鸟儿们乘着吹向东的风朝东飞就可以了。而当它们要越过赤道北上的时候，就顺着吹向西的风朝西北方向飞；相反，要是越过赤道南下的话，同样顺着吹向西的风朝西南方向飞就行了。把这些路线连接起来，瞧，就是一个"8"字了。

不仅是对全球范围内的食物生长周期了如指掌，灰鹱甚至知悉全球的风向动态并加以利用。阵仗也太大了吧，灰鹱。

这么大规模的迁徙，那些出生仅一年的雏鸟要怎样掌握这项技巧呢？灰鹱之间会互相交换信息和进行教育培训之类的吗？也会有迷路之后死亡的情况吗？虽然新的问题层出不穷，但是目前所知道的也就到此为止了。

信天翁的 46 天环球之旅

灰鹱靠着南北大迁移来消除四季的变迁。而信天翁的族群则与此相反，它们毅然地在东西方向间进行大规模飞行。

信天翁是一种非常美丽的鸟。在海上眺望过去，可以看到它们舒展着滑翔机一般细长的双翼从容地在风中起舞。而且在这个时候，它们基本上消耗的不是自身的能量，而只是利用风、重力和能量守恒定律的作用来保持飞行。哦，对了，这其中的机制稍后在第五章会有介绍，在这里就先不做说明了。

总之，信天翁的滑翔能力在鸟类当中是绝对的第一名。既然如此，那想必它们的飞行范围一定是非常广阔的吧。虽然这样的猜想自古以来就有，但在生物记录登场之前无法得到证实。

巴塔哥尼亚位于南美大陆南端，距离此处再往东 2000 公里左右的海面上，有一座叫作"鸟岛"的英属小岛。因为有许多鸟类在此栖息而得名为鸟岛。日本也有鸟岛，在没有什么人类居住历史的偏远地区有很多这种直截了当的地名。有趣的是，在这一点上，日本和英国没有很大的区别。说起来，在我研究企鹅时去的南极昭和基地周围，就有右岛和左岛两座岛，顾名思义，就是在右边的叫作右岛，在左边的叫作左岛。

总而言之，鸟岛就像它的名字一样，是鸟儿们的乐园，有大量的信天翁、鹱、鸬鹚、企鹅等鸟类在那里繁衍生息。

信天翁

10

1999 年，英国南极调查局的约翰·克罗科所领导的团队在这个岛上给一种叫作灰头信天翁的鸟安装上了记录仪，用于追踪调查信天翁从育雏结束后离岛，再到重新回到鸟岛的大约两年时间里的飞行路径。

信天翁跟其他很多鸟有所不同，它们每两年才进行一次繁衍。因为信天翁即便是雏鸟时，它的体形也跟鸭子差不多大小，这对母鸟来说，光是来回搬运雏鸟所需的食物，都会造成很大的肉体负担。所以如此劳作一年之后，第二年用来休养生息，就自然而然地形成了两年的繁衍周期。

因此，在两年后，终于等到了带有记录仪的母鸟平安返回鸟岛，数据才得以回收。

信天翁的记录结果并不像灰鹱的数据那样一目了然。有的灰头信天翁在飞离了鸟岛之后，两年时间里就在 2500 公里以内的海域徘徊；有的灰头信天翁向东飞行了 5000 公里左右，在印度洋上长时间飞行之后，又回到了鸟岛。

但有的灰头信天翁没有走回头路，而是继续向东飞行，直到绕了地球一圈，再从西边回到原来的鸟岛附近。最快的时候，它们仅用了 46 天就飞完了 3 万公里的路程，也就是说，它们用 46 天进行了一次绕地球一周的旅行。

它们为什么能够做到这种程度？

信天翁并没有向西行，而是向东绕地球一周，这说明它们和鹱一样，是利用偏西风飞行的。了解全球范围内风的模式，是完成全

11

球性迁徙的必要条件。信天翁比任何鸟都能更好地把风这种自然能量转换为自身的动能。

它们为什么要进行如此大规模的旅行呢？

如果是东西方向的话，那么无论飞到哪里，气候带都不会变化，所以这与灰鹱为了消除季节变化而进行的南北移动在本质上的意义是不同的。

尽管如此，灰头信天翁在寻找食物的动机上还是和灰鹱相似的。跟鱼比起来，信天翁喜欢吃的乌贼缺乏游泳能力，因此它们会在海流与海流的交界处聚集。

而且，灰头信天翁绕地球一周的飞行路线，与南极环极流这一环绕南极大陆向东流动的强海流高度重合。

那么，为什么不是所有的信天翁都会绕地球一周飞行呢？飞行路线广泛的变化性又意味着什么呢？

根据生态学的说法，这种情况下，大概是发生了种群内的竞争，也就是在信天翁的同伴之间围绕食物产生了激烈的争夺，从而产生了获得绝佳狩猎场的强者和被赶到贫瘠之地的弱者。

像天空中飞翔的信天翁和海中的鲨鱼，或者陆地上的狮子这样的捕食动物，通常都是称霸生物链顶端的。的确，对它们来说，几乎不会有被天敌捕食的担忧。但也不能因此就认为它们每天都能自在安心地度日，这是自然规律。它们最大的竞争对手往往在同类当中。这点也适用于人类社会。也许，这是生态学教给我们的最重要的一个道理。

蓝鳍金枪鱼横渡太平洋

现在，我们已经知道了鸟类的厉害之处。但鸟类是因为能在空中高速飞行，所以才可以进行长距离移动的吧。那么，像鱼和鲸这类海洋生物又是怎样的呢？在海里游动的速度，应该会比在空中飞行的速度慢得多，所以如鸟类这般全球规模的移动，对于鱼和鲸这类动物来说，是不可能完成的任务吧？

这个预想大致来讲是正确的。在水中，由于水的阻力很大，所以鱼和鲸的游泳速度要比鸟类的飞行速度慢一个数量级。速度如果变慢的话，相应的移动范围和规模也不得不变小。

然而，也有极少数鱼类展示出了不输给候鸟的大规模移动的

金枪鱼

13

能力。其中的典型代表就是金枪鱼，特别是日本人最喜欢的蓝鳍金枪鱼。

以"本鲔"这个称呼在市场上出现的蓝鳍金枪鱼，准确来说，它与太平洋蓝鳍金枪鱼和大西洋蓝鳍金枪鱼是有区别的。但它们的外形姿态、生理生态，甚至连动能十足的移动模式都非常相似。

接下来要给大家介绍的，是在青森县的大间町等日本近海处捕捞到的太平洋蓝鳍金枪鱼。

太平洋蓝鳍金枪鱼的仔鱼，孵化在日本冲绳或中国台湾等地周边温暖的海域里。刚出生不久的仔鱼，借着沿日本太平洋沿岸北上的强海流"黑潮"的便利，获得了大量可以为食的浮游生物，从而得以茁壮成长。在生物记录出现之前，这些信息都已根据网络采集调查而得知。

可是到了太平洋蓝鳍金枪鱼成长起来并随着黑潮四处分散的阶段，依靠网络采集调查的方法就失效了。它们是在哪里、以怎样的方式洄游的呢？这些都变得毫无头绪，所以这时就轮到生物记录出场了。

根据生物记录的调查结果，这些在黑潮当中成长起来的太平洋蓝鳍金枪鱼，在某一天突然就像下定了决心似的离开出生的故乡，开始不断向东游去，然后花了几个月的时间，千里迢迢地抵达了8000公里以外的太平洋对岸——美国的加利福尼亚州沿岸。

在那之后的几年里，太平洋蓝鳍金枪鱼在加利福尼亚海域里安顿下来。就像许多在沿岸生存的鱼那样，它们在夏季里北上，在冬季里南下，根据季节的水温变化进行小规模的南北移动。但有的时候，它们又像突发奇想似的告别加利福尼亚海域，开始向西游去，最终又回到日本近海。像在日本大间港捕捞到的那些重达100千克以上的大型太平洋蓝鳍金枪鱼，一般都是生长于日本近海，又有着美国"留学"经验的、国际范儿的金枪鱼。

从东往西，从西向东。说起来，横渡太平洋这件事，是每年都会有大批的冒险家乘帆船去挑战的海洋梦。而这样的大航海活动被太平洋蓝鳍金枪鱼若无其事地默默搞定了。

在2012年的时候，曾有新闻报道称，在美国加利福尼亚海域捕捞到的太平洋蓝鳍金枪鱼身上检测出与福岛第一核电站事故相关的高浓度放射性物质。这样的事情正说明太平洋蓝鳍金枪鱼可以横渡太平洋。

再重申一遍，太平洋蓝鳍金枪鱼的洄游规模，对于鱼类来说大到惊人。比如，生活在日本近海的秋刀鱼，因能随着季节的水温变化进行南北移动而闻名，在夏季里向北游到北海道沿岸，冬季里南下至伊豆群岛附近。但即便是这样，秋刀鱼的洄游距离计算起来的话，单程也最多不过1500公里，跟能横渡8000公里的太平洋蓝鳍金枪鱼完全没有可比性。

那么，为什么太平洋蓝鳍金枪鱼能完成如此大规模的洄游呢？接下来稍微聊一聊我自己的研究发现。

金枪鱼的速度很快

我正在进行的几个我比较感兴趣的研究课题之一，就是海洋动物以多快的速度进行游动。详细情况我想放在第二章再讲。总之，这样朴素的问题其实没有人了解，尤其是在游泳速度的背后所包含的物理机制和生物进化这些主题，还有很多尚未解决的不可思议的谜团。

我当前在进行的是，利用生物记录测定的各种鱼类的平均游速的比较研究。数据中有我自己设定的测量值，也有从文献当中参考来的数值。这两者皆可。

根据这样收集来的数据显示，体重为 250 千克的大型金枪鱼，游动时的平均时速为 7 公里。乍一看这速度似乎并没有多快，但在流体阻力巨大的水中，可以算是非常快的速度了。实际上，这个数值可以与电影《大白鲨》中有名的噬人鲨的游速并驾齐驱，是所有鱼类当中最快的纪录。为了进行比较，以我自己在夏威夷海域中测到的鼬鲨（一种大型凶猛的鲨鱼）为例，它的平均游速仅为时速 2.5 公里。

为什么金枪鱼和噬人鲨能够游得这么快呢？

我们姑且先把噬人鲨放在一边，一会儿再说。

与其他众多的鱼类相比，金枪鱼这类鱼拥有一个根本性的生理差异。这个差异就是，金枪鱼的体温比较高。虽然品种和大小有所

鼬鲨

差异，但金枪鱼一族的体温通常都保持着比周围水温高 10℃ 左右的状态。这是由于它们的血管和肌肉的配置比较特殊，因尾鳍的往复运动而产生的热能可以积蓄在体内所导致的。

鱼类属于变温动物，在常识当中，它们的体温通常都和周围的水温保持一致。但要知道，其中也有像金枪鱼这样的例外。

总而言之，体温高使得肌肉的灵活性得以提高，这让金枪鱼尾鳍的摆动速度也得以加强。而尾鳍的摆动速度直接关系到它们的游泳速度，因此与其他鱼类相比，金枪鱼的游动速度更快，持续性也更强。而游速快的话，也就能在一定的时间内完成惊人的长途洄游了。比如，想要横渡东西延伸 8000 公里的太平洋，时速 2.5 公里的鼬鲨，计算下来单程也需要 133 天左右。而换作时速 7 公里的太平洋蓝鳍金枪鱼的话，大约 48 天就能做到。而实际上，鱼类游动时并不是像箭一样直冲目标而去，而是会呈现水平或垂直方向的徘徊，因此花费的时间会更长一些。

　　因此，将太平洋蓝鳍金枪鱼横渡太平洋变为可能的，就是它们作为鱼类来讲极其罕见的高体温。

　　那么最后的问题是，为什么太平洋蓝鳍金枪鱼要横渡太平洋呢？

　　正如前面在介绍信天翁时所说的，在地球的东西方向上，无论怎么移动都不会有气候带上的改变。因此，不要期待这能像南北方向的移动那样，有缓和季节更替的效果。而且，这和信天翁环绕地球一周不同，太平洋蓝鳍金枪鱼似乎也不是为了觅食。如果是为了寻求好的食物猎场，那太平洋蓝鳍金枪鱼留在黑潮与亲潮交汇的日本太平洋沿岸，或者是寒流流经的加利福尼亚沿岸会更好吧。

　　所以，尚且无从得知太平洋蓝鳍金枪鱼为什么要横渡太平洋。而不可思议的是，在大西洋中生存的大西洋蓝鳍金枪鱼，也会像这样花费几个月的时间横渡大西洋。

噬人鲨在百日间横渡印度洋

　　我们前面说，金枪鱼是一种很厉害的鱼。

　　能与之相抗衡的强大鱼种只有一个，那就是包括在电影《大白

鲨》中出现的著名噬人鲨在内的，鼠鲨目中的鲨鱼。

即使在鲨鱼当中，噬人鲨也扮演着给人感觉"这就是鲨鱼啊"的反派角色。噬人鲨是什么都吃的"海中强盗"，不仅是鱼类，海鸟、海龟，甚至海豹都吃。尽管电影《大白鲨》当中颇有些夸张成分，噬人鲨依旧是世界上最危险的鱼类。

噬人鲨出没在全世界除极地以外的各个海域，在日本曾有几起潜水员被袭击的案例。但能高概率看到这些鲨鱼的场所，主要集中在南非、澳大利亚，以及美国西海岸等区域。

从 2002 年到 2003 年，我在南非开普敦的一处海域给噬人鲨安装了记录仪。所获得的数据显示，大多数噬人鲨并没有进行大规模的洄游，它们只是沿着非洲大陆在徘徊游动。

然而，令人吃惊的是，有一只雄性鲨鱼，从南非的海域出发，开始径直朝东游去。如果打开地图一看你就会知道，在南非的东侧，辽阔的印度洋浩瀚无垠。这只噬人鲨在其中历经 100 天的时间一直前进，终于千里迢迢地抵达了相距 1 万多公里以外的印度洋对岸，即澳大利亚大陆。不仅如此，这只鲨鱼在澳大利亚西海岸短暂停留之后，又沿着原路再次横渡印度洋，返回了南非。

往返 2 万公里，这是一趟距离相当于从北极点到南极点的惊人航程。据我所知，如此大规模的移动，在海洋动物的记录中别无他例。

有报告显示，规模稍逊于此，在美国的西海岸、加利福尼亚海域中的噬人鲨，也进行了活力满满的往返旅行。这些鲨鱼从加利福尼亚向西穿过太平洋，耗时一个月左右，抵达 4000 公里以外的夏威夷海域。在当地做短暂停留之后，它们按原路返回，又重新游经 4000 公里回到加利福尼亚海域。这相当于东京与悉尼之间的距离，是总计 8000 公里的大航海。

为什么它们有这样的能力？

令人意外的是，这其中的原理跟金枪鱼是相同的。鼠鲨目的鲨鱼也像金枪鱼那样具备保持高体温的特殊生理构造，因此它们能游得更快、游得更远。

金枪鱼和鲨鱼共有的罕见特征体现了生物进化的有趣之处。硬骨鱼类（也就是包括金枪鱼在内我们常见的普通鱼类）和软骨鱼类（鲨鱼和鳐鱼的同类）在遥远的 4 亿多年前就开始分化，从分类学角度来说就是纲的区别，因此，可以说它们之间的关系远得就像人和山雀之间的差距。尽管如此，硬骨鱼类当中只有金枪鱼，软骨鱼类当中只有鼠鲨目，进化出了能保持高体温的共通生理结构。

经过漫长岁月、沿着不同路线进化而来的这两个种类，被注意到的时候已经形成了同样的姿态，拥有了同样复杂的生理学特征，这种现象被称作"趋同进化"。在这里我们可以看到的是，从生物进化这场历经几万年的实验中得出了能在生存竞争当中取得胜利的最优解。金枪鱼和鼠鲨目的鲨鱼，对它们来说共同的最优解，就是通过保持较高体温来快速游动，以此进行比其他鱼更快、更大范围的洄游。

座头鲸在半球内的季节性迁移

现在我们已经知道，像金枪鱼和噬人鲨这样能保持高体温的特殊鱼类，可以完成异于其他鱼类的更大范围的洄游。这样的话，在恒温动物当中，像鲸这样的哺乳动物也能进行差不多程度的洄游吗？作为介绍洄游部分中最后的例子，我们来了解一下鲸吧。

在被生物记录调查过的鲸当中，显示出最大活跃度的要数座头鲸了。

座头鲸是一种在长长的胸鳍上长满疙瘩的大型须鲸。这些疙疙瘩瘩的结构，据说就像飞机的机翼上安装的整流罩一样，拥有很好

座头鲸

的流体力学功能。

从 2003 年到 2010 年，我们给巴西海域里总计 16 头座头鲸安装了记录仪。

根据记录显示，座头鲸们在 9 月左右从巴西的海域出发，历经数月的时间快速南下，最终到达相距 6000 多公里以外的南极海域。

它们抵达南极海域的时间是 11 月。此时北半球的太阳落得很快，季节更替的脚步正一路朝着冬天进发，而南半球此时则恰恰相反，盛夏才刚刚开始。

夏季的南极海域因为有了灿烂阳光的注入，使得浮游植物得以大量增殖，于是众多以此为食的浮游动物和鱼类也被吸引而来。这其中也包括南极磷虾。这种磷虾是地球上已知的从古至今独一无二的生物量最大的单一物种，其资源量估计为 4 亿吨。座头鲸贪婪地张开它巨大的嘴巴，将磷虾连同海水一起吞入口中，再从鲸须的间隙里将海水排出，像这样反复操作多次来获得大量的热量，囤积丰厚的皮下脂肪。

遗憾的是，关于座头鲸移动的记录在南极海域这里间断了，但是它们被目击到第二年冬天在巴西周边的海域生育幼鲸。因此，它们应该是伴随着夏天的结束离开了南极海域，继而又回到巴西海域里的吧。

也就是说，座头鲸进行着在夏季去食物丰饶的极地海域里积蓄营养，冬季时又去低纬度温暖的海域里繁衍后代的季节性周期循环。据显示，虽然雌性座头鲸并不是每年都会生产，但即使不生产，它们在这一年里仍然会进行大致相同模式的移动。

话说回来，在南半球处于冬季的时期，座头鲸为什么不北上到丰饶的正处夏季的北半球高纬度海域呢？为什么它们不采用灰鹱的"不会结束的夏天"那样的方式，给自己来一场食物的大狂欢呢？

我想，这里就体现出了在海里游的鱼类和鲸，与天空中飞翔的鸟类之间的决定性差异。海里的鱼类和鲸等动物，它们游动时平均速度最多也超不过时速8公里，但空中飞鸟的平均时速可以达到40公里以上。即使保守估计，海里游的与天上飞的这两类动物，它们移动的速度也有5倍之差。

我们来试想一下，从地球的一端到另一端，直线移动2万公里的距离，如果按鸟类的飞行速度计算，21天内就可以完成，但如果按鱼和鲸等动物的游泳速度来算要花 104 天，而且单程就要花 104 天的话，就很难把这当作周期性活动来进行。

于是，座头鲸没有采用"不会结束的夏天"这种方式，而是在半球内按照季节进行南北方向的移动。

如何进行测量？

到目前为止，我们概括了鸟、鱼、鲸在全球范围内所进行的迁移和洄游，看到了其背后的动机和机制。

那么，它们的移动模式是如何被测量出来的呢？

对我们来说最熟悉的定位仪器就是 GPS[1] 了吧。但遗憾的是，我们的生物记录并不是把 GPS 直接安装在进行大洄游的动物身上。首先，GPS 必须收回机器本体才能获得数据。其次，GPS 的耗电量很大，所以很难用它进行长时间的记录。最后，GPS 在水中完全发挥不了作用。

因此，在生物记录当中开发出了许多有别于 GPS 的独特定位仪器，可以按照用途进行相应的使用。这其中既有像在哥伦布和麦哲伦活跃着的大航海时代就用以进行简单的天体观测的

---

[1] GPS：Global Positioning System 的缩写，即全球定位系统，它是通过导航卫星对地球上任何地点的用户进行定位并报时的系统。

仪器，也有现代的使用人造卫星的系统。

了解工具就是了解科学。接下来，给大家稍微介绍一下在生物记录中使用的最主要的三种定位仪器的原理，来看看它们各自的优点、缺点。

Argus 系统——最主要的动物追踪系统

在生物记录当中，最常被使用的是一种叫作 Argus 的人造卫星动物追踪系统。

Argus 系统的使用方法无比简单：只需要在动物身上安装 Argus 发射器，再把它们放归野外就可以了。但因为这种发射器是使用电波的，所以必须安装在海豹的头上、鲨鱼的背鳍等这些至少能偶尔露出水面的部位。然后连接上网络站点，动物们何时在何地等相关位置信息就可以一览无余了。这种对于半个世纪前的生态学家们来说梦幻般的手法如今已成为现实，并在全世界使用。

它的定位原理是这样的：在动物们身上安装的 Argus 发射器定期向空中发送电波，等待绕地球旋转飞行的人造卫星来接收。Argus 人造卫星共有 7 颗，各自按照不同的轨道绕着地球飞行。所以不论动物在地球上的什么地方，都能马上被任意一颗人造卫星捕捉到电波。

根据多普勒效应，高速移动的人造卫星接收的电波频率，会和发送的电波频率有所偏差。这和在救护车由远及近的时候，刚开始听起来很大的警报声，在救护车从眼前经过的瞬间反而奇妙地变小了的现象属于同一原理。也就是说，位于地平线上的人造卫星最初接收的电波频率在正方向上有很大偏差，随着逐渐靠近动物，正方向上的偏差也会逐渐变小，并且在最接近动物的瞬间偏差为零。之后随着人造卫星逐渐远离动物，负方向的偏差逐渐变大。

　　频率的偏差由正向负转换，这条因多普勒效应形成的曲线，实际上正一一对应着动物们的位置。因此，Argus 系统是以人造卫星测量所得的曲线为基础来计算动物的位置。

　　这种定位方式的精确度并不是很高。根据人造卫星所捕捉到的电波频率和角度等诸项条件，普遍会产生 1 公里左右的误差。不过这种程度的误差，对于追踪大多数动物的迁徙和洄游来说都是可以接受的。

　　话说回来，GPS 与 Argus 系统有着很大的不同。GPS 不是依靠多普勒效应，而是通过用电波来测定 GPS 主机和人造卫星之间的距离，并且同时通过跟多颗人造卫星进行信号交互来进行定位。从原理上说，如果跟三颗人造卫星进行信号交互，就可以计算出三维的地球上的位置信息（纬度、经度、高度）。但实际上通信讯号交互所通过的人造卫星很多，所以大大提高了精确度。正如大家所知，无论是汽车导航还是智能手机，GPS 的定位结果能精确到 10 米左右。

但是为什么在生物记录当中没有使用准确性更高的 GPS，而是选择了误差较大的 Argus 系统呢？

Argus 系统不是从发射端（动物身上），而是从人造卫星端来获知定位结果的。更准确地说，是通过由人造卫星来接收，再转送到地面上电脑端的多普勒效应的信号，从而计算位置的。因此，能够非常便利地通过互联网将定位结果传送给研究人员。

相对地，GPS 是由主机接收与人造卫星之间的距离信息并进行位置计算的。所以如果把 GPS 安装在动物身上，那么相应的记录结果只能保存在内部储存器里，必须把仪器取回才能够获得这些数据。

Argus 系统的出色之处在于，不仅能够定位动物现在的位置，还能将所得到的计算结果通过互联网打包传送到研究人员的手中。因为不需要回收仪器，所以应用范围更广，适用于追踪各种不同类型的动物。

如此一来，可能有人会说，要是将 GPS 和 Argus 系统组合在一起，不是就能得到更加出色的定位系统了吗？如果将 GPS 得到的精准位置信息，通过 Argus 系统传送到研究人员的手中又会如何呢？

说得没错。实际上，这样的系统最近正在陆续使用。在不久的将来，取代 Argus 系统成为主流的，想必将会是 GPS 和 Argus 系统的混合体"GPS-Argus"吧。

Geolocator——拇指尖大小的革命性记录仪

Argus 发射器因为要发送电波，所以必须内置一定容量的大电池，想将其小型化的程度有限。即使是现在能买到的最小的 Argus 发射器，也有差不多半个巧克力面包大小，要是把它安装在像海豹和鲸之类的海洋哺乳动物，或是像鹭鸶之类的大型鸟类身上倒是没什么问题，但要是想安在中小型鸟类身上恐怕比较困难。这是一件非常令人不甘心的事情，因为身边常见的鸟类迁徙模式才是我们最想知道的信息。

因此，一种专门用于追踪鸟类迁徙的，叫作"Geolocator"的超小型记录仪被开发出来。这个以地理（Geo）和定位器（locator）来命名的仪器，只有差不多拇指尖大小，重量仅为 3 克左右。只要把它安装在鸟类的脚踝上，就可以追踪长达一年以上的鸟类迁徙。所以可以说它是一个革命性的发明。本章所介绍的灰鹱和灰头信天翁的移动模式，都是 Geolocator 的辉煌成果。

Geolocator 以几分钟一次的频率，记录周围的光线亮度（照度）。它用于定位的参数仅此而已。Geolocator 能够小型化，并且相当耐用，也正是因为它不发送电波信号，只是默默地对照度进行记录，然后根据这一年所记录的照度，就能测算出这一年间鸟类的移动路径。

由照度来了解移动路径，这个方法似乎莫名其妙，但说起来其实非常简单，它是大航海时代的水手们都用过的观测天体的方法。

如果你关注一天当中照度的变化，就可以弄清楚照度突然上升的日出时刻和照度突然下降的日落时刻。而弄清日出时刻和日落时刻，就可以知道那天白天的长度。再取日出和日落时间的正中间，就可以得出南中时刻。在这个方法当中需要的就是白天的时长和南中时刻。好啦，就这样，定位的准备工作很快就完成了。

以地球刻度来看时，白天的长度是根据纬度（南北方向）来变化的。夏季纬度越高白天越长，相反，在冬天纬度越高白天越短。所以如果知道白天的长度，就能推算出大致的纬度。

接下来说说南中时刻。从地球刻度来看，南中时刻是根据经度（东西方向）变化的。比如，东京和伦敦之间有9小时的时差，所以南中时刻也大致相差9小时。知道南中时刻的话，就能推测出大致的经度。

这样由照度的记录来推算地球上大致的纬度、经度的方法，就是 Geolocator 定位体系。再没有比这更简单的了。

但是从定位的原理可以想象到，用 Geolocator 得到的位置信息严重缺乏精确度。不用说 GPS，连跟 Argus 系统相比都差得很远，根据条件的不同，Geolocator 会产生200公里左右的误差。

进一步来说，春分和秋分也会加大 Geolocator 的不准确性。一年当中只有这两天，无论在地球的哪里，都是白天正好12小时，晚上也正好12小时。因此，这两天前后两周左右的时间里，Geolocator 完全不起作用。对年历中春分和秋分见而生厌的，大概只有候鸟的研究人员了吧。

也就是说，只有在想要宏观地掌握像飞越山海、纵贯沙漠这样大规模的鸟类迁徙时，Geolocator才能发挥无与伦比的便利性。

POP-UP TAG——为鱼而生的智能仪器

综上所述，只要有了Argus系统和Geolocator，就能够追踪大多数的潜水动物（海豹、鲸和海龟等）和候鸟。

但是鱼不行。追踪鱼的难度是潜水动物和候鸟无法比拟的。

首先，也是最基本的，电波无法穿水而出，因此Argus系统完全无法使用。而对于Geolocator来说，鱼类和鸟类不同，它们没有每年都要返回同一个巢穴的习性，所以这样就无法回收仪器。

那么，前面所说的太平洋蓝鳍金枪鱼和噬人鲨的洄游，又是怎样被追踪到的呢？

为了追踪鱼而开发的仪器就是POP-UP TAG。"POP-UP"有类似于"砰的一下子弹出来"的意思，顾名思义，这种记录仪在鱼身上安装一段时间后，就会砰的一下脱离鱼体浮上水面。

POP-UP TAG的作用如下：安装在鱼体期间，除了深度和水温等基础参数以外，还会持续记录照度。照度是基于与Geolocator相同的原理，粗略地进行定位。然后到了预先设定好的断开时间（一般设定为从放流开始的数个月到一年左右），就会从鱼体脱离，浮出水面并开始向 Argus 系统中的人造卫星传送数据。此时，发送的并不仅仅是目前为止记录的数据，还会利用多普勒效应，通过 Argus 系统来推算现在仪器所在的位置。

于是，研究人员对于自己放流的鱼类，将会获得三种信息：

1. 放流的地点。

2. POP-UP TAG 脱离并浮出水面的地点。

3. 在此期间依据 Geolocator 方式进行的位置推算。

信息 1 会非常准确，信息 2 是大致准确，信息 3 则非常粗略。考虑到精确度差异性的同时，将这三种信息连接成一条平滑的曲线，就能得到被放流的鱼类移动轨迹了。

简单地说，POP-UP TAG 就是 Argus 系统和 Geolocator 的组合体。即使在电波无法穿透的水中它也能工作，即使是不回收仪器也能得到数据。

但它也存在一个问题，即要在水中尝试基于 Geolocator 方式进行的位置推定。如前面所说，Geolocator 方式是依据照度来推算日出、日落时间。但海中的鱼类所经历的照度，与日出、日落完全无关，且随着深度和水的透明度的不同也会有很大的差异。这样一来，本就比较粗略的 Geolocator 方式，POP-UP TAG 与之相比，精度就更加粗略了。如果我们把原始数据直接标示于地图上的话，那么金枪鱼就像在爬山，鲨鱼就像在瞬间移动。

这个问题严重困扰着鱼类研究人员。为了稍微改善一些，他们提出了各种各样的方法。比如，利用海水温度的信息进行补正，将动物的行动模型化，再排除与之相违背的数值，这些方法都是经常使用的。

重申一下，在电波无法到达的海中定位是非常困难的。即使是军用潜水艇也需要多次浮上水面，或者将天线延伸出水面，通过GPS进行位置确认。POP-UP TAG可以说是一个费尽心力地要把极其困难的问题想办法解决的苦心之作。

POP-UP TAG还有一个难点：必须确保有用于发送电波的电源，并且需要设置浮在海面的浮标，所以很难做到小型化。即使是现在最小的模型也有一根小胡萝卜那么大，因此，很遗憾，我非常在意洄游路线的那条鱼身上无法安装POP-UP TAG。

这条鱼就是日本鳗鱼。

日本鳗鱼生长于日本的河流之中，但长大后会为了产卵而游去别处。近年来，根据日本大学的塚本胜巳教授的调查，查明其产卵

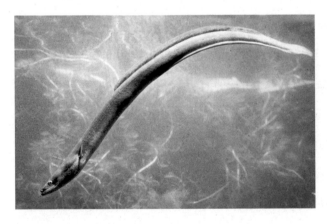

日本鳗鱼

的地点位于关岛海域。但是从日本到关岛海域长达 2500 公里的距离，日本鳗鱼是通过怎样的路径、顺着怎样的海流、花了多长时间才抵达的，这些完全未知。

我期待着在不久的将来，随着 POP-UP TAG 的小型化，日本鳗鱼的关岛之旅可以被记录下来。

"动物们要去哪里？"你知道为了回答这个简单的问题，人们摸索出了基于各种原理的定位系统和回收数据的实际操作手法。用一句话概括——根据动物是天上飞的、水里游的、地上跑的，或者有没有再捕获的可能、体形有多大，等等，适用的系统都是不同的。那种只要一个就足够的万能追踪器至今仍不存在，我想今后也不会有吧。

但是，可以说这正是生物记录的有趣之处。伴随着科学技术的发展，诞生了新的传感器、人造卫星和新的可能性，但同时也看到了小型化的极限、精确度的极限、记录时间的极限，并且存在着现实中怎样给动物安装、如何回收等问题。在这些方面反复下功夫的同时，生物记录也在一点一点地前进着。

洄游模式的法则

这里我们来总结一下在本章当中所了解到的事情。

从野生动物的迁徙和洄游的模式来看，大致可以分为三种。

第一，鸟类自不必说，从金枪鱼和鲨鱼等鱼类到鲸等哺乳类，实际上多姿多彩的动物所进行的，是单程5000公里甚至1万公里的全球规模大迁徙。并且它们能很好地借助全球范围内的各种风向和海流。例如，在天空中飞翔的鸟类，就是在地球的中纬度到高纬度海域乘着偏西风向东飞行，而在低纬度海域借着信风向西飞行。

第二，在动物所展示出来的大迁徙中，朝地球的南北方向移动的模式大多是与季节性食物的产生周期相匹配的。其中尤为重要的是，在夏季的高纬度海域（北极、南极及其周边的海域）里磷虾和鱼的大量产生。

像灰鹱这类拥有卓越飞翔能力的鸟，都是配合季节往返于地球的北和南两个高纬度海域，以此来享受"不会结束的夏天"。而另一方面，因为迁徙很耗时间，所以游动迁徙的鱼类和鲸，经不起在两个半球的高纬度海域之间进行季节性往返的旅行。取而代之的是，以夏季在高纬度海域、冬季在同半球的低纬度海域生活的方式，来进行半球内的南北迁徙。

第三，太平洋、大西洋、印度洋的任何一片海域里，都存在能横渡大洋的"健将"，而这样的"健将"就是具备身为鱼却能保持着较高体温这种特殊生理构造的金枪鱼类和鼠鲨目的鲨鱼。它们因为拥有较高的体温，因而能比其他鱼类进行更快速的游动，做到其他鱼类做不到的大规模洄游。但即便进行的是地球东西方向上的移动迁徙，它们也只是到达同一气候带的其他地点，所以还不太清楚其中的意义。

在对动物的迁徙和洄游进行追踪所用的生物记录仪器当中，具有代表性的有三种。

第一种是向人造卫星发射电波，根据多普勒效应进行定位的 Argus 系统。这是通用性最高的定位系统，能广泛应用在动物身上。

第二种是为追踪候鸟的迁徙而特别设置的 Geolocator。通过记录一年当中的照度，使用测天原理进行大致的定位。

第三种是专为追踪鱼类而设置的 POP-UP TAG。在预先设定好的时间从鱼体分离并浮出水面，向人造卫星发送数据，是 Argus 系统和 Geolocator 的混合体。

那么在本章的最后，是以上所有内容的应用篇。我将介绍一个用 Geolocator 明确洄游模式的实际例子，看看关于动物洄游的研究是如何进行的。

接下来有请南极的阿德利企鹅登场。

南极的阿德利企鹅

我在 2010 年至 2011 年、2011 年至 2012 年，连续两季参加了日本南极地域观测队。虽说不是越冬队而是夏季队，但也是一场从日本出发再到回国历经了 4 个月时间的持久战。在众多长期前往地球背面观测的日本组织当中，每期不落地参加的，大概只有日本国立极地研究所了吧？

南极之行的目的是对阿德利企鹅进行生态调查。再说具体一点，主要有两个目的。

第一个目的，是给正在孵育期的阿德利企鹅捆绑安装最新型的摄像机和记录仪，用来观察它们在海中捕获猎物时的状态。我们根据过去对阿德利企鹅胃内容物进行的调查，了解到它们通常捕食磷虾和鱼。但是它们在哪里、怎样进行捕猎，捕获量又是多少，对于这些我们一无所知。

第二个目的，是在科考季结束的时候给阿德利企鹅安装上Geolocator，持续一年，到下一个科考季再回收，以此来确认阿德利企鹅一年当中的洄游路线。

在南极昭和基地周围，每年11月初始，也不知从哪来的阿德利企鹅纷纷聚集到一起开始筑巢。然后在匆匆忙忙地产卵育雏之后，到了次年2月中旬，它们就突然消失不知去向了。此前，我们完全不知道在除此之外的时期里，阿德利企鹅到底去了哪里。

带着这样两个目的，我参加了人生当中第一次对阿德利企鹅的调查。

在南极的实地考察当然很有乐趣。

但说实话，我那个时候对阿德利企鹅这种鸟并没抱有特别的关心。说出这种话，我可能会受到世界上所有企鹅爱好者的强烈谴责。但作为极地研究所的职员，即便不感兴趣也要履行被赋予的义务，总的来说，我的这种意识还是很强烈的。

这是因为如果让身为鸟类观察者的我来说的话，鸟类最大的魅

力就是在天空中飞翔。鱼鹰（鹗）的美就在于，呼呼地拍打着它那充分体现出进化之美的巨大双翼，悠然自得地高高飞舞。而且鸟类的飞行不仅仅是美，还非常不可思议。正如将在第五章中说明的那样，不论是当时还是现在，我都对鸟类飞行的进化和结构有着很深的兴趣。我甚至觉得，不在空中飞翔的鸟就像不筋道的赞岐乌冬面一样。是的，直到我在南极亲眼看到了野生的企鹅——

企鹅列车，出现！

观测船"预知号"在覆盖着洁白冰层的南极海面上，以时速100米这个令人难以置信的缓慢速度向着昭和基地前进。刚以为顺

行进中的阿德利企鹅

势前行破开了 20 米左右的冰面，就又倒退了 100 米，然后又重整旗鼓继续前进。这一来一回就要花掉 20 分钟时间的破冰航行，就这么夜以继日地重复进行着。

至于我，因为在到达目的地之前都没有什么要做的事情，所以 24 小时都是休息时间。一直在船舱内进行电脑作业和看书也会感到厌倦，这时我会选择到甲板上看着景色发呆。四周是一望无际的大冰原和布满薄云的灰色天空。海冰各处都有的巨大冰山，仿佛 100 年前就存在似的被紧紧地封在那里。吹得人发痛的冷风，居然让我这习惯了吊儿郎当生活的身体莫名地感到舒畅。

这时我突然注意到，远处有几个黑点在活动，心里不禁发出"嗯？"的疑惑。于是，我仔细一瞧，黑点原来是从冰原的对面或冰山的背面陆陆续续冒出来的，它们在不知不觉间排成了像轮岗的武士队列一样向这边走来。居然是阿德利企鹅！

我急忙冲回客舱抓起照相机和望远镜，又赶紧跑回甲板上。在这短短的时间里，阿德利企鹅的数量又增加了，队列也在整整齐齐地变长。

我怀着激动的心情架好照相机，透过取景器望去，看到有的阿德利企鹅在一步一步地走着，有的趴在地上滑行，这时队列的宽度稍微变窄了一些，最终形成了像列车一样的一条直线。

这趟由阿德利企鹅组成的"列车"，以仿佛被封存了的巨大冰山为背景，顺畅地从我眼前横穿而过，在我的惊讶中渐行渐远，很快就消失在冰原的另一边。

我想我会成为铁杆的企鹅迷，其实就是从那一刻开始的。

袋浦，这个世界的尽头

2010 年 12 月 23 日，我和高桥晃周先生从观测船上乘坐大型直升机，登陆到一个叫作袋浦的企鹅调查点。那里只搭建了一座很小的板房，其他什么都没有。所以，除了调查器具以外，我们还装载了食物、桶装水、发电机等必要物资。于是，为期一个半月的长期实地调查就这样开始了。

我至今也忘不了初到袋浦之时看到的那震撼人心的景象。眼前满是一片环绕着冰山的雪白色冰海。背面的露岩区域则与这形成了强烈的对比，就好像美国大峡谷或是火星那样，被紫外线晒成赤铜色的巨大岩石向外凸着。并且四周是没有声音的——不是那种鸦雀无声的寂静，而是那种仿佛一开始声音就不存在似的无声世界。我觉得自己来到了世界的尽头。

顺便说一下，袋浦也是个奇怪的地名，但因为是在没有人类居住历史的南极，所以起这个名字的理由很容易想象到。一定是因为所形成的圆形小海湾（浦），像圣诞老人拿的巨大白色袋子，所以才这么命名的吧。往南走，有两个并排的像手指一样细长的半岛，在它们前面的海岬分别被称为小指岬、中指岬。更靠近的那个细长的岛被命名为拇指岛。这仿佛误入了童话世界一般，真的都是些无拘无束的地名。

距小板房数百米的地方是阿德利企鹅的集体筑巢区，有100只左右的企鹅此时正处在孵育期。在用石头搭建的巢穴当中，成年企鹅小心翼翼地站着，在它脚尖处像灰色的小鸡一样的企鹅幼崽正"啾啾"地闹着要食物。这里有胖乎乎的企鹅幼崽，也有骨瘦如柴、快要死掉的幼崽。仔细看的话，巢穴的构造也是各不相同的，既有像要塞一样把石头叠得很高的气派巢穴，也有看起来很容易就会被攻占的破陋巢穴。这就像前面所述信天翁的状况，企鹅是站在生态系统顶端的捕食动物，虽然没有天敌，但取而代之的是种群内的激烈竞争。

调查小屋由一个被叫作"豆腐帽子"的、差不多四张半榻榻米 ❶ 大小的白色正方形，以及一个被叫作"苹果帽子"的鲜红色半圆形屋顶状的、从面积上来说差不多三张榻榻米大小的结构组成。在小屋的外面，存放着因为锈得太厉害而看不出原本颜色的金属桶，里面放着发电机用的燃料。小屋墙壁上的偶像海报，就好像是 20 年前贴上去的一样，褪色非常严重。

　　没有厕所、自来水，也没有淋浴装备，但生活却简单且快乐。白天一直在做调查工作，到了晚上酒足饭饱之后就去睡觉，仅此而已。吃饭的话，我们是自己想做什么就做什么。新鲜蔬菜虽然只有胡萝卜、洋葱和土豆，但冷冻食材却备了很多——以防直升机发生故障没有人来接我们。真的准备了很多，因此只要我们想得到的就都可以做。从类似咕咾肉的菜到西班牙海鲜饭，虽然做了很多种，但最好吃的果然还是咖喱饭。把珍贵的生洋葱和胡萝卜大致地切一切，再用稍微有点奢侈的薄片状黄油来炒，光这样就肯定很好吃了，所以说咖喱饭是很取巧的做法。为了把做咖喱和米饭时产生的热气散出去，我们会打开小屋的门，这时就能看到捕食回巢途中的阿德利企鹅那摇摇摆摆走动的身影。

　　但不管怎么说，最幸福的还是睡觉的时候。在能让人哈出白气的零下气温环境里，而且又是在一点声响都没有的寂静之地，那种被包裹在极致松软的睡袋里的幸福感，说起来就让人受不了。在属于自己的空间里享受着属于自己的温暖，

❶ 日本习惯以榻榻米的数量计算房间大小，一张榻榻米约 1.62 平方米。

此时不知为什么，小学时代的那些毫无边际的想法复苏了。然后在这样的环境当中，我不知不觉地沉沉睡去。

安装 Geolocator 要慎重

在使用生物记录这种高科技之前，必须先踏实地进行低工业技术的观察作业。首先环视阿德利企鹅的集体筑巢区，借助巢穴的排列和有特点的岩石等来绘制环视图。然后给每一个巢穴标注序号，分别对幼鸟的发育状况和母鸟的归巢频率进行仔细观察。

这么一来，我们就发现，有那种母鸟像工薪族一样，勤勤恳恳地往返于大海和巢穴之间带回食物，于是把幼鸟喂养得又强壮又健康的优良家庭；也有跑去偷懒或母鸟归巢频率较低，从而导致幼鸟瘦小、有点营养不良的问题家庭。也许这些都是野生动物的自然状态，但如果携带记录仪的母鸟不按预期返回的话就会给我们造成困扰，所以我们会尽可能选择优良的"工薪族家庭"作为观察目标。

在这个科考季的调查中，我们总共给 45 只阿德利企鹅安装了摄像机、加速度计、GPS 等多种生物记录仪器。我和高桥先生两人一只接一只地捉着企鹅，安上记录仪后又把它们放掉。数日后，在它们回巢之时，又再次将它们捕捉并取回记录仪，这样的话就能马上将数据下载，然后重新进行设置，再安装到另一只企鹅身上。这样的作业在数周时间里反复地进行，所以这种状态的日子可以称得上是生物记录的节日了。

但只有 Geolocator 例外，它要用塑料捆扎带绑在企鹅脚尖上，并这样绑一年。所以我们趁着科考季后半段、企鹅孵育期结束的时机，将 17 只看起来特别活跃的阿德利企鹅捕捉并安装上 Geolocator。

但是这些阿德利企鹅真的会在下一个科考季回到同一个巢穴里来吗？

我们就这样半信半疑，像 50 年前日本南极地域观测队第一次科考时，扔下太郎、次郎等 15 只桦太犬回国那样，也撇下安装了 Geolocator 的企鹅回国了。

企鹅要去哪里，去干什么？

对我来说，为期 4 个月的南极调查初体验是非常漫长的。乘船去的时候旅途（一个月）很漫长，实地考察（两个月）也很漫长，乘船回程时的旅途（一个月）还是很漫长。全部加在一起就更觉得漫长了。在此基础上还要再待一年的越冬队员们，从他们的角度来看，我的这种感受大概会遭受到无情的嘲笑。但说实话，我是带着暂时不想出门旅行的心情回国的。

但事与愿违，回国之后我们很快就开始了下个季度南极调查的准备工作。一想到那种漫长至极的日程又要从头开始我就犯愁。但是在那里的，不是太郎和次郎，而是脚上安装了Geolocator的阿德利企鹅在等着我，所以我必须回去。

第二年科考季的企鹅调查队，由我和博士后研究员伊藤君，加上研究生永井三人组成。因为在立场上我是本次调查的负责人，所以我一直带着绝对不能有任何疏漏的紧张感进行准备工作。

但是，不管在准备阶段有多大的压力，一旦登船了情绪就会高涨起来。随着观测船"预知号"驶离澳大利亚大陆南下，我们开始看见盘旋的信天翁，还有座头鲸的身影。进入破冰前进的阶段，就可以看到韦德尔氏海豹正在睡觉，雪白的雪鹱正在飞翔，然后就出现了阿德利企鹅的列车长队！

乘直升机到达袋浦，完全就像时间静止了一样，与一年前别无二致的光景又重现眼前。茶色的、因为锈得太厉害而看不清原色的燃料桶，褪了色的偶像海报，然后就是数百米前方，在用石头筑成的巢穴中育儿的阿德利企鹅。于是，我们立刻开始寻找绑了Geolocator的企鹅。

原本自信满满地以为如果有脚上绑了Geolocator的企鹅，我们就能立刻察觉出来。但实际上，我们看了一下巢穴中挤得紧紧的企鹅，它们的脚全部被羽毛遮住了，没办法确认。目不转睛地用望远镜观察着，只有在企鹅好不容易变换位置的瞬间，才能稍微看到一点它们的脚。

更为棘手的是，很有可能携带 Geolocator 的企鹅现在并不在这里。如果不凑巧它们此时正出海捕食的话，那要好几天后才能回来。我想这将会是一场持久战。

这种时候不可或缺的就是伙伴。这次与我同行的伊藤君，是比我段位高很多的野鸟观察者，所以他早就习惯了透过望远镜目不转睛地进行观察。突然，他叫道："啊，就是那个！"我顺着他指的方向看去，确实从被羽毛遮住的企鹅脚的那一点点间隙里，看到了闪闪发光的 Geolocator。

阿德利企鹅真的在时隔一年之后，回到了原来的地方。

结果，我们从安装了 Geolocator 的 17 只企鹅当中，取回了其中 9 只企鹅所携带的设备。这相当于六成的击球率，可以说是很不错的成绩了。就这样，我们第一次弄清楚了阿德利企鹅在一年时间里的移动轨迹。

那么，结论是怎样的呢？在离开袋浦的 7 个月时间里，阿德利企鹅去了哪里呢？

这已经可以算是对本章中所说的洄游法则进行总复习般的数据了。

在夏季里，阿德利企鹅在纬度较高的袋浦周边地区，大口大口地吃着大量产生的磷虾和鱼。夏季的南极海域格外丰饶，这是在本章当中反复提到的地球规律。随着夏天的结束，阿德利企鹅离开被厚厚冰层覆盖的筑巢地，向着低纬度方向移动迁徙。然后在隆冬时节，它们在离袋浦 2000 公里以外的、较为温暖的海域度过。也就是说，与座头鲸的洄游类型相同，阿德利企鹅所进行的是配合季节在半球内的南北迁徙。而在冬季结束之时，它们又会重新向袋浦方向移动。整个路线就像画了一个大大的顺时针方向的圆，这也跟当地海流的方向高度一致。就像在灰鹱和信天翁的例子中看到的那样，知晓全球范围内的风向和海流，是完成大迁徙的必要条件。然后阿德利企鹅又千里迢迢地在夏初之时抵达筑巢地，这样一个周期就完成了。顺便一提，阿德利企鹅在南半球的冬季里没有北上去北极享受"不会结束的夏天"的理由——这点就不用说了吧？

即便如此，企鹅也已成为写作本章内容的绝佳洄游模板了，不是吗？

第二章

游　泳

向鲨鱼学习游泳的
技巧

金枪鱼的游动时速达不到100公里

夏天的乐趣在于安装定置网。为了调查鱼类，我至今依旧会每年造访曾住过的岩手县大槌町，让当地人带我上定置网渔船。

我认为没有比用定置网捕鱼更具娱乐性的第一产业了。因为就连捕获到了什么样的猎物、要花多长时间，在尝试之前都是未知数。有时船舱会被装也装不完的鲭鱼群覆盖，有时也能捕到像妖怪一样巨大的翻车鱼。就连海龟、蓝鳍金枪鱼、外海的鲨鱼（尖吻鲭鲨和鼠鲨等）都会误入其中。不开玩笑地说，我们甚至捕到过小须鲸。不愧是定置网，不愧是太平洋。这让我不得不真实地感受到，在日本列岛的旁边有一个占据了地球三分之一以上面积的巨大海洋。

而且捕到的鱼的出场方式有点戏剧化也挺好。定置网需要花时间一点一点地收网，所以从渔船上看的话，今天抓到了什么，这一实况会渐渐地呈现于眼前。那些密密麻麻的褐色的，是乌贼群吧？刚才快速越过眼前的黑色影子，是鲕鱼还是金枪鱼？还有，哎呀！这从水面探出来的背鳍是鲨鱼吗？或者是翻车鱼？这些多么令人兴奋。

终于把网收到了最小，这时用起重机悬挂着的大型捞网就会伸出来，将捕捞到的鱼一股脑儿地舀出来倒在甲板上。于是，有了有了，鲭鱼、乌贼、鲕鱼、比目鱼，再加上蓝鳍金枪鱼、飞鱼、鲛鳙

鮟鱇鱼

鱼、虾夷石斑鱼，或者像岩石一样巨大的翻车鱼横躺在甲板上，啪嗒啪嗒地用鱼鳍拍打着甲板。我之所以那么喜欢看这些鱼，是因为它们的形态非常富于变化，并且跟各自的生活方式完全吻合。换一种说法就是，因为在自然界对各个鱼类的设计中，可以看到各自不同的、清晰的设计理念，这不得不让我们感到进化的不可思议。

比如鮟鱇鱼，它像被上下挤压过的扁平体形适合埋伏在海底，而用以游泳的鱼鳍正在退化。啪的一声张开的大口几乎可以完全包住一个婴儿的头，经过附近的鱼估计会被它瞬间吸入口中吧。这种鱼的设计理念毫无疑问就是"伏击"。

再比如飞鱼，它长长地伸展着的胸鳍，不仅形成了像飞机一样较大的长宽比，甚至还产生了叫作"弯曲度"的向上弧度，这在航空力学里是非常出色的一对"翅膀"。当遇到像鲯鳅这些天敌的袭击时，飞鱼会飞出水面将"翅膀"左右打开，借助风力在空中滑翔几百米。这种鱼的设计理念就是"滑翔"。

然后，公认的知名设计就是金枪鱼。为了减少在水中的阻力，金枪鱼形成了像鱼雷一样的流线型体形和光滑的体表，为了增加推进效率而形成了新月状的尾鳍和纤细的尾柄。为了不产生多余的阻力，背鳍和胸鳍在用不着的时候，可以完全像动画片里的机器人那样收进身体表面的沟槽里。金枪鱼身体的每一处都是为了可以快速游动而设计的，具有绝对的机能美。我觉得在全世界所有的海洋生物当中，金枪鱼是最帅气的。

那么说到快速游动，金枪鱼到底能游多快呢？

啊，这本来是我重要的拿手好戏之一，却忍不住在前面的章节里已经说出来了。

根据生物记录的调查结果显示，体重250千克的蓝鳍金枪鱼的平均时速是7公里。

仅仅有7公里？金枪鱼的时速不是能达到100公里的吗？

这就是有趣之处。的确，可以看到在那些面向孩子的图鉴"海洋动物的不可思议"专栏中，写着金枪鱼时速是80公里，旗鱼的时速在100公里以上，鲣鱼的时速是60公里，等等。人们认为适合快速游动的这些鱼，像在高速路上跑的汽车一样，在汪洋大海里嗖嗖地游来游去。

但是我对用生物记录测量出的各种鱼类的游泳速度进行分析，结果发现这是一个很大的误报。说出来大家可别吃惊，任何鱼在巡游时的平均时速都在 8 公里以下。不仅如此，除了金枪鱼以外，鲑鱼、鲕鱼、鳕鱼，几乎所有鱼类的时速都大致为 2 公里～3 公里。

那除了鱼之外的其他海洋动物又是怎样的呢？让我们再来看一下"海洋动物的不可思议"这个专栏，上面写着企鹅的时速是 60 公里、海豹的时速是 40 公里、虎鲸的时速是 65 公里。

很遗憾，这也跟生物记录的调查结果大相径庭。实际上，企鹅、海豹、鲸的最大时速都不过是 8 公里罢了。

这并非是金枪鱼的速度慢，也不是企鹅和海豹的速度慢，而是在开始生物记录之前，这些游动于海中的动物的动态，不太为人所知。而生物记录的研究成果也差不多是近二十年来的新产物，因此并未在社会上得到充分的普及。

这样是不行的。如果人们一般的印象和真实之间存在着很大误差，那么作为一名研究人员，就必须对它进行更正。我们要尽量让更多的人知道海洋动物真正的样子。

所以本章讲述的就是关于游泳速度的故事。鱼、企鹅、鲸，它们真正的速度是多少呢？而在这背后又隐藏着怎样的物理机制和进化的意义呢？有不根据动物的分类就能说明游泳速度的一般法则吗？我想尝试着思考一下这些问题。

历时 3 小时左右，所有的定置网都收网完毕，满载而归的渔船一回港，就到了期盼已久的用餐时间。坐在值班屋的桌子旁，负责伙食的阿姨准备好了热乎乎的早饭，那分量足够 30 名左右的渔夫一起用餐。用煤气灶煮出来的白米饭，堆成像日本传统故事里说的那种山形，跟米饭同一"海拔"的还有用乌贼做成的"刺身山"，用的当然就是我们刚从定置网上取出来的乌贼，所以肉质饱满、晶莹剔透。而旁边木碗里的味噌汤中，也放入了我们刚捕捞到的肉质肥嫩的鲭鱼。仿佛一声令下，我们给"乌贼山"淋上充分的酱油之后，就对"米饭山"和"味噌海"一起集中展开攻势。

虽然我说定置网最大的乐趣就在于可以看到鱼类的进化，但这里我要更正一下，最大的乐趣是这世界第一的早饭。

可怕的格陵兰睡鲨

关于游泳速度的话题，我最想介绍给大家的就是格陵兰睡鲨。格陵兰睡鲨可能是大家不太熟悉的一种鲨鱼，但在一部分相关爱好者之间，它作为"迷之深海怪兽"，是地位牢固的"大红人"。而造成其高人气的原因，说起来有点不好意思，可能就是我的生物记录研究。我发现这种鲨鱼是"世界上最慢的鱼"。

2009 年 6 月，我在距离挪威本土向北 800 公里左右的斯瓦尔巴群岛上开展研究。北纬 79 度的地理位置完全属于北极圈，有着即使在 6 月份也要穿毛衣的寒冷程度。格陵兰睡鲨就成群地在这一带的海里生活。

北极有鲨鱼这件事可能听起来会让大家感到意外。的确，鲨鱼基本上是喜欢温暖大海的生物，能游进水温10℃以下冰冷海水里的，只有鼠鲨和太平洋睡鲨（与格陵兰睡鲨是不同的种类）等屈指可数的几个种类。这其中唯一一个能一直在冰点以下的极地海域里生存的怪物，就是格陵兰睡鲨。

顺便说一下，太平洋睡鲨正如它的名字那样，是格陵兰睡鲨的近亲，但它们通常广泛分布在北太平洋的深海，也可见于日本近海。与格陵兰睡鲨相比，太平洋睡鲨的体形会稍小一些，怪兽属性也略逊一筹，但尽管如此，那令人害怕的外表还是非常相似的。

格陵兰睡鲨出人意料的地方，不是仅有生活在冰点下的海域里这一点。这种鲨鱼从外形上看就是个怪兽：体长可达4米～5米的巨大身躯呈深浅不一的灰色，胖墩墩的；身体软乎乎的，甚至连背鳍和尾鳍也都很软，好像不能快速游动的样子。与此相比，只有眼睛炯炯有神地闪着黄绿色的光，而且令人吃惊的是，它眼睛的中心部分，无论什么时候都挂着桡脚类的白色细长寄生虫。这是种幼儿园的小朋友们看到会被吓哭的可怕外表。

此外还有令人发怵的，这家伙是个只要到了嘴边就什么都吃得下去的大吃货。通过对格陵兰睡鲨胃里的食物进行分析，发现其中混杂了各种鱼类的成分，甚至还有海豹、鲸和驯鹿。我们认为，鲸和驯鹿应该是它偶然找到的动物遗骸，但海豹的成分是新鲜的，好像是它捕捉到的活物。进一步说，因为它们即便是同类相食也毫不在乎，所以如果被钓钩钩住的格陵兰睡鲨不早点打捞上来的话，就会瞬间被其他的格陵兰睡鲨咬得七零八碎。

即便如此，我们依旧疑惑的是，它凶猛的性格和柔软的体态并不相称。怎么看都不适合游泳的体格，实际上却能活捉海豹，这到底是怎么回事呢？

这时候，生物记录就成为强有力的武器。它可以对鲨鱼这种令人不可思议的天然游泳能力进行正确的测定。而我和共同研究的挪威人一起来斯瓦尔巴群岛的缘由也正在于此。

因为钓格陵兰睡鲨要使用一种连接着许多分支钓钩的绳钩装置，所以首先必须准备饵料。我以为饵料是用适当的鱼骨做成的，结果有趣地发现用的是一种完全的挪威式方法。我在调查船上等待时，有几个人抱着步枪坐上小船离开，然后打回一头很大的髯海豹。接着我们一起将其进行拆解，将厚度为 7 厘米～ 8 厘米的带着血的皮下脂肪切出来，作为绳钩的饵。对鲨鱼来说，没有比这更能让它流口水的饵料了吧？当然，做这些都获得了当地政府的许可。

于是，当第二天把装置拉上来后，这些钓钩上挂着沉甸甸的猎物——格陵兰睡鲨。用手将装置拉近，把慢慢拉上来的鲨鱼横在小船上。如果是普通鲨鱼的话，这个过程可能就会变得十分棘手，但格陵兰睡鲨只会慢慢地扭动身体，所以还是挺令人惊讶的。总觉得这是由于这种鲨鱼在冰点以下的海水中生活，活动量低下所致。

然后，我们快速地将记录仪安装在鲨鱼的背上，取出鱼钩后再将它放回海里。重获自由的格陵兰睡鲨慢慢地摆动着它的尾鳍，渐渐地消失在海中。记录仪在 24 小时后会通过计时器从鱼体分离、浮上海面，我们再通过接收的电波信号将其回收。这些会在第三章中进行详细介绍，但从动物身上分离记录仪再回收的这一方法，是我在研究生期间费尽周折确定的。

于是，从可怕的格陵兰睡鲨这里，我们初次完成了生物记录的数据记录。

世界上最慢的鱼

从数据来看，格陵兰睡鲨真的很慢吗？如果是这样的话，那是因为什么呢？而且它又是如何捕捉海豹的呢？

根据数据显示，格陵兰睡鲨的平均游泳速度是时速 1 公里。体长 3 米的大型鲨鱼，却在以婴儿爬行般的速度游动，这真是个令人惊讶的结果。虽然偶尔也能看到它瞬间提速的动作，但即使在那时，时速也不过 3 公里。

就像后面会解释的那样，一般来说，越大的鱼游得越快。从游泳的物理机制来看，体形较大的鱼只有这一点是有利的。

也就是说，尽管格陵兰睡鲨拥有较大体形这一优势，却还是行动迟缓。如果除去体形大小所带来的利弊进行比较的话，那格陵兰睡鲨真是慢得不可救药了。实际上，集合迄今为止所测量的各种鱼类的游泳速度来看，除去体形大小的影响进行比较，格陵兰睡鲨也是当之无愧的世界上最慢的鱼。

因为是很重要的一点，所以要再次明确一下，以游泳速度的绝对值来说，比格陵兰睡鲨慢的鱼还有很多。体长数厘米的青鳉鱼和孔雀鱼就比格陵兰睡鲨的速度要慢。但实际却不能这么比，除去体形大小所造成的有利和不利因素，把它们放在同一个擂台上时，格陵兰睡鲨是最慢的。

把它们放在同一个擂台上是什么意思呢？

举一个通俗易懂的例子，请试着思考一下，脑最大的哺乳动物是什么？答案是蓝鲸。这种鲸有着体重可达 100 吨的空前绝后的巨型身躯，它的脑当然也会比任何哺乳动物都大。但我觉得这样并不是公平的比较。身体越大，脑就越大是理所当然的，所以最好除去这个影响因素，用共通的标准进行比较。

这时候最好将数据做成图表进行直观比较。设定体重为横轴，脑的大小为纵轴，再将所有的哺乳类动物的数据标于图上。从整体来看，呈现出了上升曲线，也就是体重越大的物种，脑也就越大。而在这条上升曲线当中，最为突出的物种，就是与根据体重预估出的脑大小偏离最大的物种，即脑相对最大的物种。在这种情况下，这一突出物种便是智人（*Homo Sapiens*），也就是人类。

从这个意义上说，格陵兰睡鲨是世界上最慢的鱼。

这可是鲨鱼啊，为什么速度会这么慢呢？

为什么格陵兰睡鲨会慢到这个程度呢？答案就在极地冰冷的海水里。

一般来说，摆动着尾鳍游动的鱼类都是通过改变尾鳍摆动的频率调整游泳速度的。尾鳍摆动得越快，游泳的速度就相应提高；摆动得越慢，游泳的速度就相应降低。而尾鳍的摆动频率，可以从生物观察记录所计量的加速度（表示身体摇摆程度的参数）中读取到。

格陵兰睡鲨的尾鳍摆动频率为每秒 0.15 次，也就是尾鳍从右往左摆动，再到摆回右边，一共要花掉 7 秒钟。这是迄今为止所测量的所有鱼类当中最慢的纪录。因为尾鳍的摆动慢到了这个程度，所以它的游泳速度自然也就变慢了。

而且，尾鳍的摆动频率还和水温有很深的关系。

尾鳍的摆动属于肌肉的收缩运动。鱼类通过身体左右的肌肉交替进行有节奏的收缩来摆动尾鳍，以此获得在水中前进的推动力。肌肉的收缩运动，从微观尺度看，是被化学反应组合驱动的肌肉纤维的偏差。因为原本就是化学反应，所以温度上升会变得活跃，温度下降就会停滞。我们人类属于恒温动物，体温总是保持稳定，所以意识不到这一点。但对于变温动物来说，温度的变化会引起肌肉收缩的变化。

所以格陵兰睡鲨的游动速度慢，是因为冰点以下的水温导致肌肉收缩速度低下，尾鳍只能慢慢地摆动。体温的差异对动物的行动有着决定性的影响，这一点将在后文反复强调。

　　那么，把格陵兰睡鲨放在夏威夷怀基基海滩，它就会嗖嗖地摆动尾鳍，快速游起来吗？它就能捕捉到高速游动的金枪鱼，并在当地使种群繁盛起来吗？

　　不，不会。任何一种动物都没有例外，因为已经适应了现在生存的环境。格陵兰睡鲨已经适应了在冰点以下的海水中缓慢的生活方式，也早就形成了那样的身体形态。一般认为，变温动物并不能适应那么大范围的温度变化，就格陵兰睡鲨来说，它所适应的水温上限是7℃～8℃。如果把它放到水温可以达到25℃的怀基基海滩，只会导致生命活动异常而死亡。

　　最后的问题是，这么慢的速度是怎么捕捉到海豹的？

　　我们认为这是因为北极的海豹会在海面漂浮着睡觉。对海豹来说，最大的天敌是北极熊，所以不能在冰上安稳地休息。实际上，我也在实地考察过程中看到过在水面上晃动漂浮着的髯海豹的褐色后背，还乘小船靠近，轻轻地用手碰了碰。然后海豹就猛地醒来，慌慌张张地潜入水里了。

　　也许格陵兰睡鲨就是那样慢慢地、悄无声息地靠近海豹，然后将它一口咬下。遗憾的是，还没有获得确凿的数据，但我是这么认为的。

　　更不可思议的是，格陵兰睡鲨的左眼和右眼一定悬挂着寄生虫。白色的桡脚类寄生虫在它的瞳孔中心深深扎根并晃来晃去，这样的话眼睛是看不见的。虽然一般来说，鲨鱼嗅觉和对电信号的感知觉等都很优秀，但视觉堵塞的也就格陵兰睡鲨了吧。

世界上最慢的盲眼猎人——格陵兰睡鲨，它的生态还存在着太多太多的谜团，我衷心希望在今后的调查研究中能有所进展。

世界上最快的鱼

如果说世界上最慢的鱼是格陵兰睡鲨的话，那世界上最快的鱼又是什么呢？

答案正如在第一章中所说的那样，是金枪鱼和噬人鲨。虽然它们游动的时速为7公里～8公里，但据我对所有文献的调查，在七大洋的任何地方都再没有比这游得更快的鱼了。

金枪鱼和噬人鲨的速度，一方面纯粹是因为它们的体形较大。体形较大是它们仅凭这一点就能快速游动的巨大优势，但这个理由有点复杂，所以我们后面再讲。

但不仅仅是这个原因。抛开体形大小的差异所带来的有利和不利因素，把所有鱼类放在同一个擂台上进行比较，金枪鱼类和噬人鲨也名列前茅。这是为什么呢？

最重要的因素就是体温。正如同第一章所介绍的那样，金枪鱼和噬人鲨靠着惊人的趋同进化，获得了可以保持体温高于周围水温的特殊生理构造。格陵兰睡鲨在冰点以下的水温中慢吞吞地游动着，而与之相反的是，金枪鱼和噬人鲨通过保持较高的体温来加速肌肉的收缩速度，啪啪地快速摆动着尾鳍，活跃地游动着。

高体温的好处，不仅仅是加快肌肉的收缩速度，其代谢速度，也就是生物的身体里所燃烧的总能量也在增加，所以相应地会把更多的能量分配在游泳上。

所谓代谢，就是一种通过燃烧体内所积蓄的碳而产生能量的化学反应。因为原本就属于化学反应，所以温度上升的话就会相应加速。河里的鲤鱼和鲫鱼也是因为在夏季里代谢速度加快而经常咬食鱼饵，所以和寒冷的冬天相比，在夏季钓鱼会容易得多。

那为什么体形大的鱼就游得快呢？这好像是理所当然的事情，但其实并非如此。对于这个出乎意料的麻烦问题，我想在这里说说我的看法。这会稍微有点复杂，但所有动物都受体形大小的束缚，因为这是一个隐藏着普遍规律的重点，所以希望大家仔细听一听。

越大的动物，在体内持续燃烧的代谢速度（能量值）的总量就越多。和青鳞鱼比起来，体形较大的锦鲤需要更多的食物。因为拥有更多的能量，所以在其他条件完全相同的情况下，较大动物的游速会比较小动物快得多。

但实际上，水中的阻力会成为游泳的障碍。而且动物的体形越大，受到的阻力也会越大。锦鲤的身体所受到的阻力就要比青鳞鱼大得多。

驱动动物的潜在能量和水的阻力都会随着身型的变大而增加。如果是这样的话，那关键就在于平衡，也就是说这两方的增加方式是不同的。

很早以前就知道，动物的代谢速度并不会随着体重的增加而等比增长。例如，比青鳉鱼重100倍的锦鲤，并不需要多吃100倍热量的食物，实际上只要多吃30倍左右就可以了。

动物的代谢速度是如何根据体重而变化的？其原因又是什么呢？这个问题被称为"代谢速度的缩放"，可以说是一个近五十年来争议不断的巨大研究课题。现阶段的结论是，虽然目前还不知道其背后的机制，但动物的代谢速度是其体重的3/4次方，或是以与之接近的增长率增加。也就是说，如果体重增长10倍，那代谢速度就增长 $10^{3/4}$（≈ 5.6）倍；体重增长100倍，那代谢速度就增长 $100^{3/4}$（≈ 32）倍。

而另一方面，水的阻力根据体重的不同又会有怎样的变化呢？诚然，决定水的阻力的第一要素就是速度，游动速度越快，相应的阻力也就越大。但此处的问题在于身体大小所带来的影响，所以我们先假设速度一定，不管是体形较小的青鳉鱼还是体形较大的锦鲤，假定它们的游速相同。

说到底，水的阻力就是经过物体表面的水流，在物体表面形成的与行进方向相反的拉力。水的阻力总是存在于物体表面，所以在速度一定的情况下，水的阻力与动物的体表面积成比例增长。

而动物的体表面积一般是按体重的2/3次方的比例增长。简单来说，线的平方是面积、线的 3 次方是体积，所以以体积为基准的话，它的 2/3 次方就是面。也就是说，如果体重增长 10 倍的话，那水的阻力就增长 $10^{2/3}$ （≈ 4.6）倍；体重增长 100 倍的话，水的阻力就增长 $100^{2/3}$ （≈ 22）倍。

代谢速度是按体重的 3/4 次方增长，水的阻力是按体重的 2/3 次方增长。也就是说，体形越大就越能产生与这二者之差相应的代谢速度的剩余。我认为，利用这些剩余部分，较大体形的动物就能完成快速的游动了。

当试着实际分析动物的游泳速度，发现是以和这个理论一致的增长率在增长时，我们高兴得都要跳起来了。在研究过程中，没有比自己所思考的理论与数据恰好吻合的时刻更令人高兴的事了。

于是，金枪鱼和噬人鲨在体温高和体形大的双重功效下，获得了世界上最快的游泳速度。然后它们充分利用这个特长，就像在第一章中所介绍的那样，在太平洋和大西洋辽阔的大海里无拘无束地游来游去。

史前巨齿鲨的游泳速度

让我们在这里稍微扩大一下想象。如果金枪鱼和噬人鲨回到远古时代的大海里，和那些现在已经灭绝的鱼类来比一比速度的话，那结果会是怎样的呢?

如上所述,鱼类游泳的速度主要是由体温和体形的大小来决定的。而这之后,潜藏着代谢速度和水的阻力等古今东西都不变的、普遍性的物理规律。那这样的话,对已经灭绝的动物使用同样的规则也没错吧? 物理这个武器的优势就在于此。别说是种族间的壁垒,就连时间上的壁垒都能轻松跨越。

历史上存在过能超越金枪鱼和噬人鲨的高游速鱼类吗? 如果有的话,那一定是一个兼具超高体温和巨大身型的金枪鱼怪物或噬人鲨怪物。

史前巨齿鲨,别名巨齿鲨,就是这类怪物。它被认为出现于1800 万年前,在 150 万年前灭绝。这是一种可以称之为怪物噬人鲨的鲨鱼,分类上属于噬人鲨的近亲,因此很有可能也保持了较高的体温。而且它的体形被认为要远大于噬人鲨,所以我想,史前巨齿鲨才是古今东西游得最快的鱼。

那么在远古时代的海洋中,这种鲨鱼是以多快的速度游动的呢?

要回答这个问题,首先必须推定体形的大小,而这是最大的难题所在。

鲨鱼被称为软骨鱼类正因为骨头很软,是一种成为化石后留下的几乎只有牙齿、会让古生物学家十分犯愁的生物。史前巨齿鲨作为化石残留下来的也只有尖锐巨大的牙齿和罕见的脊椎骨碎片。因此,只能想办法从牙齿的大小来推测它整个体形的大小。

在这种情况下，常规操作手法首先要调查研究现代鲨鱼的牙齿大小和体形之间的相关关系，然后使用这个关系公式，从史前巨齿鲨牙齿的大小推算出它体形的大小。这乍一看的确是非常科学的做法。

但问题是，现代鲨鱼中并没有像史前巨齿鲨那么大牙齿的物种。也就是说，实际上我们并不知晓对巨大体形的鲨鱼来说，它的牙齿和体形之间的关系。没办法，我们只能将从现代鲨鱼身上获得的关系公式和数据向外延伸，在假定鲨鱼即使体形巨大化，其牙齿和体形大小的相关关系也不变的条件下，推算出史前巨齿鲨的体形大小。

这种方式在统计手法中叫作"外推法"，被认为是不可取的做法。将关系公式延伸到没有数据的外部，因为缺乏根据而被认为是不可行的。谁都不能保证持续到现在的关联性在今后也会持续下去。如果外推法能带来正确结论的话，那目前持续上涨的股价明天肯定也会上涨；相反，持续下跌的股价明天肯定也会下跌了。而我们身边并未充斥着亿万富翁，这一事实间接证明了外推法的不准确性。

话虽如此，但像史前巨齿鲨这种情况，确实也只能采取外推法，至少比没有强，虽不是最好的，但也算很好了。明确了这点之后，就姑且允许采用外推法这个方式吧。如此一来，可以推算出这种鲨鱼体长可达 16 米，体重可达 50 吨。这种拥有如同雄性抹香鲸般巨大身躯的残暴鲨鱼，曾经存在于远古时代的海洋里。

接下来按照我所发现的体重和游泳速度的关系公式来计算，可以预测出 50 吨的史前巨齿鲨游泳的平均时速为 23 公里。这是现如今的任何一种鱼类，或是连海豹和鲸都无法企及的绝对速度。

也许史前巨齿鲨就是靠着这样的速度来追赶鲸等动物，然后再用那尖锐、巨大的牙齿将它们一口咬下的。

"金枪鱼时速 80 公里" 的情报来源

话虽如此，但世界上最快的金枪鱼和噬人鲨，时速也只有 7 公里～8 公里。另外，从我在文献当中找到的数据来看，旗鱼的平均时速仅为 2 公里，鲑鱼的平均时速仅为 3 公里。那在给孩子们看的图鉴当中所写的金枪鱼时速为 80 公里、旗鱼时速为 100 公里以上，到底是怎么来的呢？

本章所介绍的鱼类速度，指的是平均巡游速度，并不是瞬间爆发的最大速度。一般来说，测算动物的最大效率要比测算平均值难得多，因为无法从客观上判断动物是否真的发挥出了它的最大效率。所以我们几乎没有关于鱼类的最大速度的实测数据。

但我们可以进行某种程度上的预测。根据让鱼在水箱中进行游动的试验来看，多数鱼类竭尽全力可达到的速度，是巡游速度的 3～4 倍。把这个规则运用在金枪鱼身上的话，可得出金枪鱼的最大时速为 20 公里～ 30 公里。这无论如何也跟 80 公里相差甚远。

也就是说，金枪鱼时速 80 公里、旗鱼时速 100 公里以上这种说法是大错特错的。我迄今为止给很多鱼类安装过记录仪，但一次都没有测量到这种像军用鱼雷一般的速度。即便是调看用生物记录测量金枪鱼和旗鱼的游泳速度的相关文献，也找不到有与之相近速度的报告。

那么，到底是为什么这样的说法会广为流传呢？在生物记录这个方法被开发之前，到底是怎样测量鱼类的游泳速度的呢？

追溯关于金枪鱼游泳速度的文献，我好不容易找到一篇于 1964 年发表的、标题名为《关于黄鳍金枪鱼和刺鱼鲅的游泳速度的测量》（*Measurements of Swimming Speeds of Yellowfin Tuna and Wahoo*）的论文。因为是发表在当时和现在都非常有影响力的著名科学杂志《自然》上，我惊叹之余立刻确认了其中的内容。有了有了，里面写着，作为世界上首次对金枪鱼的游泳速度进行的测量，黄鳍金枪鱼（金枪鱼的一种）的最大速度为时速 75 公里，刺鲅（和金枪鱼同属鲭科的一种鱼）的最大速度为时速 77 公里。

再往前追溯 4 年，找到了一篇由苏联研究人员在 1960 年用俄语发表的论文。因为我看不懂俄语，所以把文章发送给了共同研究人员中来自俄罗斯的巴拉诺夫先生，请他帮忙看一下。论文中清楚地写着金枪鱼游动的时速为 90 公里，旗鱼时速 130 公里。看来这应该是信息原型的出处。这篇俄语论文好像没有写明具体的测量方式，所以无从判断，但刊登在《自然》上的那篇论文则将方法写得很清楚。这在现代的我们看来，至少是一种相当大胆且粗略的方法。

论文中的方法使用的是特制的钓竿和线轮。也就是说，要驾驶着小船去钓金枪鱼。如果金枪鱼咬钩了就稍微将线轮卷起一点，然后鼓足劲，随着"预备——齐！"的口令将线轮调到中间挡位。配合着金枪鱼的游动，并绷紧鱼线来放线，当时放线的速度就被看作金枪鱼游动的速度。

我想如果是在现今，这篇论文可能不会被任何科学期刊受理吧。因为研究人员都有着这样的共识，即野生动物的行为必须尽可能地在其完全自然的状态下进行测量。很遗憾，边跟钓鱼线拉扯边乱动的金枪鱼的行为，不能视作金枪鱼原本的自然行为。

即便是接受了这个方法，但谁也无法保证放线的速度可以正确地表示鱼游动的速度。这其中可能会根据线的松紧程度、鱼的游动方向或海流变化而产生较大的误差。

因此，虽然是我的想象，但我觉得这是当时船上的人在慌乱奔忙的实验中，在各种条件的叠加作用之下，所记录下的仅一瞬间接近 80 公里的时速。这是在野外测量鱼类游泳速度的划时代的一次尝试，并且是任何人都会感到吃惊的实验结果，所以才会被《自然》这样的著名科学期刊受理，并流传于世的，不是吗？

事先声明，我并不是把最新的生物记录作为挡箭牌来指责"以前的测量方式就是这么含糊"。不如说是相反，我认为在没有生物记录的时代，靠着自己在装置上下功夫，把之前不可能完成的对于鱼类游泳速度的测量好歹算是完成了这一事实是值得称赞的。之后在发现错误的阶段，只要有人去修正它就可以了。因为只有这样，科学才能得以发展。

企鹅、海豹和鲸也来参战

到目前为止，我们一直在了解鱼类的游泳速度，但会游泳的动物不是只有鱼类。能屏住呼吸潜水的动物——企鹅、海豹和鲸等，通过生物记录也积累了很多关于它们的数据。体温和体形的大小，这个对游泳速度来说非常重要的一般规律，也适用于这些动物吗？而且，如果这些会游泳的动物同时进行比较的话，哪个最快、哪个最慢呢？

通常来说，鱼类学者不会考虑将沙丁鱼和海豹进行比较，鸟类学者也不会将企鹅和海龟放在一起比较。但是我很喜欢这种粗线条的比较方式。我觉得通过将跨越物种的、多种多样的动物进行笼统粗疏的对比，能发现动物的身体结构和生理构造的根本差异是怎样表现在行为上的，或者能看出其中的普遍规则。

这才是生物记录的特长技能。生物记录的好处中最重要的一点，在于给姿态和生理生态各不相同的动物安装上相同的记录仪，将它们的行为定量化，可以将本来不能放在一起讨论的动物，放在同一处进行讨论。

所以我决定尽量收集用生物记录测量得来的游泳速度的数据，不管测量对象的分类如何。其中包括我自己测量的海豹、翻车鱼、鲨鱼等动物的数据，也有从文献当中搜集的关于企鹅、鲸、海龟等动物的信息。游泳速度这种冷冰冰的数字，通过物种间的比较，逐渐让人感受到了带有故事性的乐趣。

我们收集到了近 80 种海洋动物的数据。其中鱼类包括鲲鱼和比目鱼等硬骨鱼类，以及鼬鲨和双髻鲨等软骨鱼类；鸟类包括各个种类的企鹅、鸬鹚、海鸠；哺乳类则包括海豹、海狗和鲸；最后还有海龟中的蠵龟、绿海龟、棱皮龟。世界上任何水族馆都没能聚齐的多姿多彩的海洋动物，在我的电脑中汇聚一堂。

那么开始竞争吧。世界上最快的海洋动物到底是什么呢？

直截了当地说，这是噬人鲨、帝企鹅、蓝鲸三者间的较量。它们的游泳速度全都在时速 8 公里左右。

这三者分别属于不同的种群，但都有一个共同特征。是的，那就是体形都很大。噬人鲨是体重可达 500 千克的大型鲨鱼。帝企鹅是世界上最大的企鹅。蓝鲸不仅是世界上最大的鲸鱼，还是世界上最大的哺乳动物，更进一步说，在地球约 46 亿年的历史当中，这是一种空前绝后的巨大生物。

也就是说，体形越大的动物游得越快这一规律，不仅适用于鱼类，还通用于海鸟、海生哺乳动物等其他种族类，是一种普遍规律。我们前面解释过，这是因为体形越大，与妨碍行动的水的阻力相比，驱动行动的代谢速度增加得越多。诚然，这个解释没有任何必须是鱼类的前提条件。

什么，鲨鱼当中最大的不是鲸鲨吗？此处又一个规律要再次登场了。动物的游泳速度，对体温有很强的依赖。就像之前所介绍的那样，包括噬人鲨在内的鼠鲨目的鲨鱼和金枪鱼，作为保持较高体温的鱼类，是完成了破格进化的一组。而鲸鲨是非常普通的变温动物，它的平均时速不到 3 公里。的确，就块头而言，鲸鲨体重可达 5 吨，占有绝对优势，但体温的影响越大，这个优势就越容易被一笔勾销。

体温的影响也能在海龟的速度上看到。海龟一族通常体形都比较大，蠵龟和绿海龟的体重都超过了 100 千克，世界上最大的棱皮龟体重可达 500 千克。但是它们的游泳速度不超过时速 2 公里。因为海龟是变温动物，所以不论它们的个头有多大，游泳速度也是无法与恒温动物相较量的。

首先是体温，如果体温一样的话，其次就要看体形大小。这就是我所发现的，适用于所有海洋动物的关于游泳速度的一般规律。

但也有不明白的地方。噬人鲨（500 千克）、帝企鹅（20 千克）和蓝鲸（100 吨）的速度几乎是一样的，但如果除去体重因素，就会变成企鹅最快、鲨鱼第二、鲸最慢。实际上，将所有海洋动物除去体重这个因素进行比较的话，企鹅等海鸟的速度都是最快的，噬人鲨等体温较高的鱼类排第二，鲸等海生哺乳动物排第三，而远远处于落后位置的是属于变温动物的鱼类和海龟。即便同样是恒温动物，以企鹅为首的海鸟的速度也属于特别快的。这个"企鹅悖论"（我随便这么叫的）数年来一直在脑海中困扰着我，虽然试着提出过几个类似的假设，但哪个都不能很好地解释这一点。我今天也还在绞尽脑汁地想着有一天能灵机一动，想出一个令人眼前一亮的解释。

大家都很在意油耗

我们刚才解释了速度最快的噬人鲨、帝企鹅及蓝鲸的平均时速为 8 公里左右。即便是这样，时速 8 公里也只不过跟人在路上小跑的速度差不多，显得有些微不足道。作为游泳好手的鲨鱼、企鹅和鲸，为什么会保持这种程度的速度呢？

在我看来，海洋动物在天生的代谢速度、体温、姿态等诸多条件之下，积极地选择了能源效率最高的速度。

开车的时候，很多人都会在意油耗问题。同样的距离，即使是开车兜风，能尽可能节省汽油的话那就再好不过了。而且为了控制油耗，速度不能太快，也不能太慢。速度过快不仅会增加空气的阻力，还会使发动机的燃烧功率下降，加快汽油的消耗速度。而如果速度过慢，汽油的消耗速度虽保持稳定，但到达目的地的时间延长，也会导致汽油的消耗增加。

也就是说，如果在图表中用横轴表示行车速度，用纵轴表示"每前进1公里所使用的汽油量"，那将会呈现U字形的曲线。而当司机恰当地选择了U字底部的那个速度时，就可以做到最省油了。

对海洋动物来说也是一样的。动物们的"汽油"就是积蓄在肝脏内的糖原和皮下脂肪等能量源。动物们为了将能量的消耗控制在最低限度，会选择一个不太快也不太慢的最佳速度。

如果从达尔文进化论的角度来看，就是不管有没有意识到，以接近最佳速度游动的动物，与不这样做的动物相比，更能做到控制能量的消耗。这样动物就能在严酷的自然环境中提高保全生命的可能性，让更多的子孙后代留存于世。像这样的天然淘汰在不断重复了几千个世代之后，结果就是生活在现代的海洋生物大多能以最适合的速度游动。

这种最佳速度的想法，要从我所分析的海洋动物游泳速度数据的结果开始说起，这里就不做详细阐述了。但如果建立一个使能效最大化的物理模型的话，就能很好地说明在生物记录中所测量的游泳速度的数值了。

海洋动物时速在8公里以下，对于生活在陆地上的我们来说是相当慢的速度，这也可以从效率的角度来进行说明。

不管是在水中还是在空中，在流体中活动的物体所受阻力与"流体密度 × 速度^2"成正比。因为水的密度约为空气密度的800倍，所以如果在水中和空气中以同样的速度出发，在水中也就会受到 800 倍之大的阻力。再加上阻力与速度的平方成正比增加，只要速度稍微提高，阻力就会加速增加。速度增加 2 倍，阻力就会增加 4 倍（2^2）；速度增加 3 倍的话，阻力就会增加 9 倍（3^2）。

从这些事情中我们得知，在水中快速游动的成本是非常大的，因此在水中的最佳速度要比空气中慢得多。如果以自己在陆地上生活的经验而认为金枪鱼没什么了不起的话，那就大错特错了。因为空气中和水中的物理环境原本就非常不一样。

游泳速度的法则

现在我们来总结一下关于海洋动物游泳速度的知识吧。

首先，不管如何分类，所有海洋动物的巡游速度都在时速 8 公里以下。因为难以测量，所以动物的瞬间最大速度目前尚不清楚，但可能是以巡游时速度的 3 ~ 4 倍为限。"金枪鱼的游动时速为 80 公里，旗鱼时速为 100 公里以上"这一说法，是在有生物记录之前，将非常粗略的测量值随意传播开来的产物，是不准确的。

其次，决定动物游泳速度的最重要因素就是体温。恒温动物中的鸟类和哺乳动物，还有金枪鱼和噬人鲨等能保持较高体温的特殊鱼类，与变温动物中的大多数鱼类和海龟相比，在速度上具有压倒性的优势。因为变温动物的体温是由周围水温决定的，所以像格陵兰睡鲨这样的极地鱼类，游起来格外迟缓。

想想看，捕食鱼的鸟类和哺乳动物很多，但几乎没有捕食鸟和哺乳动物的鱼类。而其中罕见的例子——噬人鲨，是能保持较高体温的特殊种类。也就是说，根据体温决定游泳速度的规律，可以在某种程度上解释在全世界的海洋范围当中，所呈现出的捕食与被捕食这种食物链关系。

在拥有相似体温的分组当中，体形越大的动物游泳速度越快。体形越大，驱动动物的代谢能量的总量和妨碍动物行动的水的阻力都会增加。但前者的增幅略大，所以体形越大的动物拥有越多剩余的代谢能量来抵抗水的阻力，游得越快。

因此速度最快的，是体形大、体温高的动物，如鸟类中的帝企鹅、哺乳动物中的蓝鲸、鱼类中的噬人鲨和金枪鱼。但很可能已经灭绝的史前巨齿鲨的速度会更快。

最后，海洋动物都是以最节省能量的速度来巡游的。就像对汽车来说有最省油的行驶速度一样，对动物来说也有控制能量的消耗，以便游得更远的最佳速度。因为海里的阻力要比空气中的大得多，所以快速游动所需的消耗是非常高的。正因如此，海洋动物的游动时速都在 8 公里以下，比在天空中飞翔的鸟类和在陆地上奔跑的动物要慢得多。

翻车鱼的不合常理之处

以上我们讨论了游泳速度的一般规律，那么最后是应用篇。我们就拿出奇特的翻车鱼这个实例，来看看鱼类实际上是怎样游动的，以及是怎样对它们进行调查的。

2007 ~ 2008 年，我在位于岩手县大槌町的东京大学海洋研究所（现东京大学大气海洋研究所）国际沿岸海洋研究中心做博士后研究员，那时的研究主题就是翻车鱼。说到博士后研究员，是我从指导老师那里独立出来，第一次自主决定研究课题目标、研究生涯的青春时代。要说那么重要的时期为什么选了翻车鱼作为主题，那是因为我对它那过于奇怪的姿态一见钟情。就像年轻时的北杜夫[1]在调查船上初次看到翻车鱼时，它那不合常理的模样让他深受感动，之后便自称为"翻车鱼大夫"一样。

翻车鱼的异于常理首先体现在外观上。它脊背上的背鳍、腹部的臀鳍，分别向上向下长长地凸出来，而且因为在它的身体末端缺少本该有的尾鳍，结果就造成了它高度大于长度这一奇妙的逆转现象。非常简单的一个问题，就是这么奇怪的外形是怎么游动的呢？一般人对翻车鱼的印象是一副悠闲自在的样子，但实际上它的游动速度是多少呢？

奇怪的不仅是翻车鱼的外

[1] 北杜夫（1927—2011），本名斋藤宗吉，日本作家、精神科医生、医学博士。代表作有《牧神的午后》《幽灵》《木精》等。

翻车鱼

观，它的内部结构也是奇妙无比的，比如它没有鳔。如果对多数硬骨鱼类（鲨鱼、鳐鱼属于软骨鱼类）进行解剖，会发现在它们内脏的深处、脊骨正下方的位置，有一个充满气体的鳔，它们靠着鳔在水中产生浮力。因为肌肉和骨骼等鱼身体的组成部分大体上比水的密度要大，所以普通的鱼要是没有鳔的话就会沉下去。如果沉下去更容易生存的话，鳔也是会退化的，例如比目鱼这样的海底鱼类。但像翻车鱼这样轻轻地在海水中层游的鱼类，鳔退化的例子是极其罕见的。

翻车鱼在分类学上属于鲀形目，是河豚地地道道的同类，这么说起来，总觉得它的樱桃小口确实有点像河豚。而在鲀形目的鱼类中，除了跟翻车鱼亲缘关系极近的几种，其他都是有鳔的。鳔这么有用的器官，为什么只有翻车鱼退化了呢？它是通过什么来代替鳔产生浮力，这又有什么生存上的优势呢？

总之，对翻车鱼这种奇怪的鱼类，我有着一打这样特别单纯的问题。而如果能把这些问题一个一个地解决的话，我认为这会是一项可以回答鱼类进化史上一些难题的好研究。

翻车鱼的调查地大槌町，大概有着世界上屈指可数的得天独厚的环境。总之，只要我坐上定置网渔船，从春天到秋天能接二连三地打到大大小小、各种各样的翻车鱼。而且不只有定置网，还有使用捕鱼棒这种电热装置来击捕海豚和旗鱼的捕鱼方式，这里的渔夫见到翻车鱼也会抓了带回来。

我的调查搭档是广岛大学研究生泽井君。他被翻车鱼吸引，是一个决意终日与翻车鱼为伍的世间罕见的翻车鱼发烧友。如果是为了收集翻车鱼样品的话，他会去日本或是世界上的任何地方，可以一整天沉浸在对到手样品的测量、解剖和不厌其烦的详细查验之中。他将翻车鱼晒干用来装饰屋子、设计带有翻车鱼图案的 T 恤穿在身上，并且还写关于翻车鱼的短诗发在网上。

这样的泽井君，为什么会对翻车鱼着迷到如此程度，这实在是一件令人震惊的事情。据说是因为在他上小学的时候，某个红白机游戏里的角色是翻车鱼，他觉得那个角色实在太可爱了。一个由艺术加工界转行的人，对真实的活翻车鱼进行解剖、调查它消化管内的寄生虫、清洗它那黏稠的胃内部并用显微镜进行观察，世上竟然有这种事情，对此我不由得佩服起来。

就这样，我和泽井君两个人每天乘坐着大槌湾的定置网渔船去收集翻车鱼。

定置网捕鱼是娱乐活动

用定置网捕鱼那天的早晨要很早出发。虽然要根据季节和天数来具体决定，但大体上渔船出港的时间都在凌晨两点半到三点之间，所以与其说是早上很早，不如说是夜里很晚才对。

我和泽井君在出港 30 分钟之前，在面向大槌湾的值班屋里和渔夫们碰头。简洁的二层楼建筑，一楼的那个大房间用来做大家的共享空间，一边喝点粗茶或速溶咖啡、围着炉子烤烤手（夏天也基本上会生炉子），一边安静地等待出港的时间。墙壁上排列着写有渔夫名字的木牌，旁边供奉着祈祷能捕获大鱼的神龛。

一到时间，渔夫们穿着紫色、粉色、白色等各种色彩鲜艳的防水雨衣，用松紧绳把被称为"真切"的日式小菜刀绑在腰上，安静地乘上渔船出发。我和泽井君也穿上青绿色的研究所防水雨衣和黄色救生衣，戴好安全帽，兴冲冲地跟了上去。

到达设置在大槌湾外的某个定置网点，单程大概要花 20 分钟时间。穿过据说是《突然出现的葫芦岛》❶原型的蓬莱岛灯塔，渔船在夜晚一片平静的海面上顺利前行。其间，我坐在甲板的台阶上和渔夫们小聊片刻。这里的渔夫基本上都是些年轻时就职于远洋渔船，过了50岁之后回到大槌本地从事定置网捕鱼作业的人。所以，开普敦的企鹅、新加坡的小摊之类的，我跟他们意外地谈得来。渔夫特有的话题层出不穷，很是有趣。在深入聊天的间隙仰望天空，可以看到漫天的繁星……

我们到达定置网点后，就马上进行打捞。由定置网作业的领头人进行指挥，两艘渔船并成一排，在用滚轮装置拉拽绳索的同时，大家都在船舷边站成一列，抓住渔网往上拉。配合着领头人的口号"唉嗨——""吼嗨——"的节奏声，我和泽井君也行动起来。

随着直径30米的大网一点一点地收紧，最初排成一排的两艘渔船，逐渐开始形成彼此相向的姿态。到了这个阶段，今天的收获就会渐渐呈现于眼前了，这令人非常开心。鲨鱼群轻快地围着渔网游动着，还有一部分鲨鱼扎在渔网里啪嗒啪嗒地挣扎着。飞鱼在水面聚集，不时地轻轻跳跃，还有细长的背鳍整个露出水面、啪嗒啪嗒地左摇右晃的翻车鱼。

不久，渔网的面积缩到了最小，此时两艘渔船拉着宽度为3米的渔网，呈完全相对的状态。巨大的圆网被吊车驱动着，渔获物被一下子捞起来，转移到了船舱里。但只有我们想要的翻车鱼没有被渔夫放入船舱，而是直接投掷到了甲

❶ 日本女子流行歌曲偶像组合早安少女的一首歌曲。

板上，这就是我们的样品。我们有时会小心翼翼地带回研究所里进行测量、解剖，有时也会给它安装上生物记录的记录仪，再当场放回海里。

将四处定置网全都收网完毕，返回港口的时候就差不多天亮了，曚曚眬眬的早晨开始了。在早晨通透的空气中，把渔船停靠在鱼市的旁边，将今天的收获卸下来，我和泽井君帮忙将青花鱼堆里有时混入的鲕鱼幼鱼分离出来。这样，所有的工作就全部结束了。在这之后回到值班屋，就到了等待已久的早餐时间。用煤气炉煮出来的白米饭，再加上用刚打上来的新鲜乌贼做成的小山状刺身——啊，这个前面说过了。

总之，我们就这样收集到了成堆的翻车鱼样品。这种奇妙的鱼是怎样游动的，我们将对此实施形态测量和生物记录相结合的调查。这是一个和翻车鱼一起度过的夏天——用一句话来概括，可能就是如此。

为什么没有鳔也能浮起来？

对于翻车鱼，我有三个简单的问题：

问题 1，没有鳔，它是怎样获得浮力的？

问题 2，没有尾鳍，它是怎样游起来的？

问题3，在它那悠然自得的形象之下，游泳速度又是多少？

让我们先从问题1着手。因为样品堆积如山，所以解决浮力的问题在原理上很简单：如果有一个代替鳔的器官存在，那我们就试着将翻车鱼体内的部件逐个投到海水里，只要调查一下看能不能浮起来，答案就自然而然出来了。

第一次是将翻车鱼整个投到海水里，看起来确实是以接近中性浮力的感觉轻飘飘地漂浮着，所以我在心里"哦"了一声。没有鳔的鱼能在海水中漂浮，这可不是件普通的事情。

于是我们开始解剖，把占翻车鱼身体大部分的肌肉和骨头剔出来扔进海水里，它们马上就沉下去了。和其他大多数鱼一样，翻车鱼的肌肉和骨骼也比海水的密度大。

这样看来，在翻车鱼体内的某个部分——恐怕还是某个肉眼可见的大器官——密度要比海水小，发挥着像鳔一样的作用。感觉自己成了推理小说中宣布"犯人就在这其中"的侦探一样，将翻车鱼的体内部分一个一个地分解出来投入海水，来确认会不会浮起来。

我第一个怀疑的是肝脏。跟人类一样，鱼的肝脏也堆积了脂肪，因此它来发挥鳔功能的可能性非常高。实际上，我们已知在没有鳔的鲨鱼当中，就有靠着异常大的肝脏获得浮力的例子。再看看翻车鱼的肝脏，是适合它体形的大小，并没有像鲨鱼的那般巨大的程度。但它的肝脏确实堆积着脂肪，这一点从伴随着成长的肝脏颜色变化上可以看出。体重几千克的翻车鱼的肝脏像婴儿的皮肤一样滑溜溜的，但随着体形增大，肝脏就逐渐变黄、变浊，一旦体重达到 1 吨以上的级别，巨型翻车鱼的肝脏感觉就像有点脏的脂肪块。我在翻车鱼面前产生了"啊，自己的内脏也会像这样老化吧"的焦虑。

将翻车鱼的肝脏投到海水里，它确实轻轻地浮了起来。我说了句"罪魁祸首就是你啊！"，但还是决定稍做等待。科学研究不仅要进行定性分析，还必须进行定量分析。只有可以在海水中浮起来这一点作为证据是非常不充分的。肝脏产生的浮力能让翻车鱼的整个身体浮起来，这必须用充足的数据来证明。

这样一来，肝脏的尺寸不大这一条件起了决定作用。通过计算，我们发现仅仅通过肝脏是无法使翻车鱼的身体浮起来的。为了让某个器官发挥鳔的作用，不仅密度要比海水小，数量也必须非常多才行。好险好险，这是真正的"犯人"设下的圈套。那把肝脏这个一目了然的"犯罪嫌疑人"当作诱饵，自己却悠哉地呼吸着自由空气的"真凶"到底是谁呢？

"真凶"的所在之处完全出人意料。在翻车鱼的皮肤下面，有一层厚厚的像椰果似的白色胶质皮下组织。虽然我不敢相信，但还是切下其中的一部分扔进了海水里，结果这种胶质组织在海水里轻轻地浮起来了。就是这个！我几乎跳了起来。

对这种胶质的皮下组织进行调查，发现它重量的 96% 都来自水。虽说是水，但不是海水，是比海水盐分含量稍少的水。这是因为硬骨鱼类会自主调节体内盐分的浓度。比海水盐分含量少，意味着密度小，就能在海水中漂浮了。

翻车鱼拥有大量此类皮下组织。体重为 100 千克的翻车鱼，皮下组织的厚度可达 10 厘米，重量可占体重的 40%。通过计算来看，这种胶质的皮下组织确实可以产生让翻车鱼的身体在海水中漂浮的充足浮力。

翻车鱼没有鳔，取而代之的是从特殊的胶质皮下组织获得浮力。

为什么要进行如此精细的浮力调整呢？翻车鱼属于鲀形目，是河豚的同类，它们的共同祖先是有鳔的。将鳔退化替换成胶质的皮下组织，用意何在呢？

这个问题的答案出乎意料，我们通过对游泳机制和速度进行的生物记录调查，发现了一些端倪。

令人意外的游泳机制

让我们进入下一个问题。翻车鱼没有尾鳍，那它是怎样，又是以什么速度游动的呢？

这里终于轮到我拿手的生物记录出场了。我们仿佛一直在摩拳擦掌等待着似的，将定置网捕到的翻车鱼装上记录仪后放回海里，开始对它的游泳模式进行详细的测量。

海洋动物游泳时身体的动作可以从加速度的数据中看出来。比如，当鲤鱼左右摆动着尾鳍游动时，它背上所安装的记录仪也会随之左右摆动，因此加速度数据的波峰和波谷就会交替出现。所以，通过对加速度的波形进行详细分析，就能查出它的游泳机制。

从记录翻车鱼得来的加速度模型，和我曾经见过的某种动物的模型极为相似。但并非是跟它近缘的河豚和单棘鲀之类。这个与翻车鱼的分类种群、姿态、生理生态完全不同，却不知为何拥有相似加速度模型的动物，就是南极企鹅。

翻车鱼的游泳机制，居然意外地与企鹅相同。

也就是说，事情是这样的：假设我们从正面观察企鹅游泳，企鹅的左右两只细长的翅膀正在啪嗒啪嗒地上下拍动。保持着这个上下拍动的动作，企鹅的身体横着转 90 度。你瞧，这样企鹅就变成翻车鱼了。翻车鱼的身体上下分别突出的背鳍和臀鳍，和企鹅的左右两只翅膀一样，在水中发挥着一样的功能。

有趣的是，翻车鱼的背鳍和臀鳍与企鹅的左右两只翅膀，在解剖学上是完全不同的器官。也就是说，翻车鱼是古今东西的所有生物当中唯一的一个，将本来不对称的两个器官进化成对称的动物。它那呆呆的样子里居然隐藏着这样的意义。

再来看一下生物记录的数据，翻车鱼下潜到水深 150 米处，不一会儿又浮上水面，不停地上下移动。翻车鱼的食物主要是在水中漂浮的水母。我们发现，为了更有效率地搜寻水母，翻车鱼在海水里不仅在水平方向上游动，它们在垂直方向上也进行着广泛的游动。

像这样频繁地上下移动，在普通的硬骨鱼类身上是看不到的。一般来说，硬骨鱼类并不擅长上下移动。因为它们的浮力是依靠鳔的支撑，但鳔的体积又容易根据水压产生变化，潜到越深处，鳔越容易因为水压而被压缩，浮力也就随之减小；相反，越往上浮鳔就会越膨胀，浮力就会急剧上升。

"就是这个！"我不由得拍了拍手。翻车鱼没有鳔，靠着胶质皮下组织获得浮力的最大优势就在于此。胶质组织的成分几乎都是水，因此不会随着水压的变化而压缩或膨胀。所以，翻车鱼能够保持稳定的浮力，自由自在、随心所欲地上下移动。翻车鱼奇妙的身体构造果然是和它独特的游泳风格紧密结合在一起的。

最后，我们来看看翻车鱼的游泳速度。翻车鱼在人的印象中通常是一种轻盈而悠闲地漂在水中的鱼类，但正如我们目前所看到的那样，这些都不是事实。那么它的速度到底是多少呢？

如果我们复习一下前面的内容，就可以大致料想到了。首先，所有的海洋动物的速度都在时速8公里以下。但翻车鱼的体温并不高，是所谓的普通变温动物，所以它的速度应该会比时速8公里慢得多。虽说如此，但因为大槌湾不是极地海域，所以再慢也慢不过时速1公里的格陵兰睡鲨吧？翻车鱼中也有体形巨大的，虽然我安装了记录仪的那条翻车鱼体重只有50千克左右，但还是会比一般的鱼要大一些。这样的话，它的游泳速度也应该是在常识范围内的、时速2公里左右吧。

果然，根据生物记录的数据来看，翻车鱼的平均游泳速度为时速 2.2 公里。

我和泽井君都钟爱的翻车鱼，它的外观、体内的构造、浮力，甚至连游泳方式都只能用离奇古怪来形容，却只有游泳速度极其普通。

第三章

测量

由先驱打磨而成的
测量技术

巴哈马的悲剧

我曾经有过一次现在回想起来都会汗流浃背、痛心的失败经历。

2013 年的春天，我在位于加勒比海的北部、巴哈马国内的一个叫猫岛的小岛上调查。这里以弯曲延展的椰子树带作为背景，白晃晃的沙滩前方是一望无际的淡蓝色大海，随手拍张照片似乎就能直接变成明信片，简直就是人间乐园。是的，这个调查地点无可挑剔。

我们调查的目标为远洋白鳍鲨。但与它在日文中的种名[1] 相反，这是一种在灰色的背鳍和胸鳍的末端有白斑点缀的漂亮鲨鱼。当阳光像激光光束一样射入海水中，远洋白鳍鲨游动时身边跟着像玩具军队一样的带条纹的热带鱼——如果在浮潜时看到这样的场景，会感到美得令人窒息。是的，动物也无可挑剔。

我们在一天之内钓上三头远洋白鳍鲨，分别在它们的背鳍上安装记录仪之后，再将它们放回海里。这款记录仪拥有最新的摄像机，能测量深度、温度、加速度甚至地磁，是最高级别的机器。在记录仪通过计时器从鲨鱼身体上分离之后，为了准确找到地点并回收，我们还配备了 Argus 发射器。总之，这是一款将现在可得的最新器材全部投入其中的豪华版仪器。用拉面来打比方的话，就是那种加上了所有配料的超级至尊款。

计时器设定的是三天。三天之后，记

---

[1] 日文的种名有"污垢，脏"的意思。

远洋白鳍鲨

　　录仪分离浮出海面，应该会通过网络发送 Argus 发射器的位置信息，所以到时只要乘船去回收就可以了。记录仪的设置、浮力体的重量平衡、针对鲨鱼的安装方式，一切都应该没有漏洞。我对自己说："放心，放心。"

　　三天后，我一边心脏扑通扑通地加速跳动着，一边在酒店里打开电脑确认 Argus 发射器的位置信息，结果居然什么也没有——三个记录仪音信全无。一道冷汗瞬间从我的背上滑落。这大概是因为分离装置没有很好地运转吧？

　　到了第五天，我收到了其中一个记录仪发来的位置信息。因为在鲨鱼身上安装的记录仪会受到很大的水流阻力，所以即便是分离装置没有运转，一般在不久之后也会自然脱落浮出海面。于是我们马上乘船前往，一个被涂成粉红色的浮力体正向上竖着天线漂浮在海面上。回收成功，总算避免了全军覆没。

在这之后，很久都没有再收到新的信号。如果不能回收到剩下两个记录仪的话，那这次对远洋白鳍鲨的调查就会以惨败告终。不仅如此，手头现有的记录仪一下子损失大半，这对今后的调查计划也会造成很大的障碍。我感觉自己像在做一场噩梦，陷入了一种完全无心享受蓝色大海和白色沙滩，只能拎着变得很轻的行李回国的窘境。

故事到这里还没有结束。我认为即便回国我也不会死心，也不能集中精力去做研究，所以只能踌躇不定地对 Argus 网站进行一天数十次的确认。又过了两周左右，突然收到了信号。好像是之前失联的那两个记录仪，它们几乎同时浮上海面，而且在网站上确实标示着在巴哈马周围海域经纬度的两个点！我非常兴奋地从椅子上站了起来，马上给当地的共同研究人员布兰顿发了邮件，探问他是否能帮忙前往回收仪器。

但是我也知道，这两个点离岛太远，当地的小型船只是怎么也去不了的，但因此就租用大船的话，可能要花费好几百万日元。结果不出所料，我收到了布兰顿的回信，他表示很遗憾不能帮忙。

明明知道就在那里，明明知道只要去了那里，就能得到令人振奋的数据。但是，我去不了。

Argus 发射器的位置信息每天都在更新。虽说知道去不了，但我依旧每天继续踌躇着，恋恋不舍地对网站进行确认。于是就发现了令人吃惊的事情，漂流中记录仪正以十分惊人的速度——有时以一天60公里的超高速——被冲走。巴哈马的东侧是苍茫广袤的大西洋，记录仪如果被冲到那里的话就无计可施了。但如果能被冲到西边，顺利地漂到哪个小岛上，也许就能拜托布兰顿去帮忙回收了。还有希望。我带着祈祷般的心情每天继续进行确认。

两个记录仪的其中之一，在海面上画了一个漂亮的J字形，漂向了巴哈马境内的圣萨尔瓦多岛。1492年，热情高涨的哥伦布在横渡大西洋后期，抵达的大西洋和巴哈马群岛的分界岛就是圣萨尔瓦多岛。如果记录仪漂到那里的话就可以回收了！我顿时坐立不安起来。

但结果并未如愿。记录仪从距离岛南端仅1公里处的洋面掠过后又转向西边，开始北上，在我惊慌失措之间它就被冲到无法检索到的大西洋中央去了。

还有一个记录仪正在接近大阿巴科岛。谁也无法保证它一定能漂到这里，但至少距离乘坐小船可到达的地方越来越近了。这一定是最后的机会了。如果错过了这个机会，之后它就只能变成海里的藻屑了。在这样的直觉之下，我下定决心再次给布兰顿发了邮件，询问他是否能去帮忙回收，并恳求说交通费由我来出，拜托他想想办法。

布兰顿欣然允诺，第二天便乘飞机飞往大阿巴科岛，在当地租了一艘快艇前往Argus发射器位置信息所显示的地点。但还是没能回收成功。在布兰顿赶往现场期间，网站上所显示的记录仪也在不断北上，远离大阿巴科岛，转眼间就被冲到大西洋中间去了。

两个记录仪在这之后的两个月左右的时间里，一边在大西洋上徘徊，一边继续发送位置信息，不久之后电池突然没电了，它们也就失去了音信。

就这样，反反复复、一喜一忧地对远洋白鳍鲨的调查，以令人痛心的失败告终。我费了工夫准备的浮力体、价格昂贵的电子设备，全部葬身于大海之中了。手头所剩的，只有好不容易才回收来的一份数据而已……

在进行生物记录调查时，因为器材的不合适而导致的惨痛经历数不胜数。有时给动物安装的数码相机毫无反应；有时虽然在海豹身上安装了可以用遥控器远程分离记录仪的新型分离装置，却完全不运作（记录仪最后也沦为海里的藻屑）。每当这种时候，我都会满头大汗，一直被噩梦折磨。

如果可能的话，我也不想经历这些。但是如果不使用已完善的市售品，而总是野心勃勃地把试制品带去生物记录的现场调查中，在某种程度上来说失败就是无法避免的。只有接受失败才能取得进步。

在电子设备技术如此发达、生物记录的调查形式好歹已经确立起来的今天都是如此，那么从模拟型到数字化的过渡时期，以及在此之前的时代里，又该是多么辛苦啊！

如此想来，不可思议的是，在没有电子线路和内置内存的时代，是怎样测量动物行动的呢？到底是由谁构想出生物记录的方法，又是经过了怎样的程序才发展成为现在的模式呢？

本章中所讲述的是关于生物记录的先驱者们的故事。生物记录在其性质上胜过了其他任何研究领域，它与科学技术的发展密切相关，并奠定了基础。因此，先驱者们共同的天赋，并不是出色的头脑，而是兼备了能展望未来十年的洞察力和对现实问题的解决能力的良好平衡。我想粗略地回顾一下这些先驱者将新时代的科学描绘成梦想并不断为之奋斗的历史。并且我想以此为基础，试着思考一下生物记录的未来。

发生巴哈马悲剧（我是这么叫的）的一个月之后，布兰顿给我发了一封邮件，说那趟大阿巴科岛之旅所花的交通费账单终于收齐了，请我支付。虽然我想把它当作垃圾邮件处理掉，但这样做明显是不行的，我只好硬着头皮点开了附加文件。附件里面满满地显示的是机票、船的租赁费用、燃料费等收据图片，合计 70 万日元。啊，心好痛……简直是加强版的祸不单行。

第一滴水——生理学的巨人肖兰达

生物记录的历史是何时、怎样开始的呢？

根据文献记载，世界上第一次给野生动物安装记录仪进行测量的是美国斯克里普斯海洋研究所的帕·肖兰达（Per Scholander），他于1940年发表了相关论文。肖兰达的名字一般不太为人所知，但我觉得他毫无疑问是在生物学，特别是在研究生命机能机制的生理学领域的一位巨人。他的成就所涉及的方面多到令人吃惊，比如，为什么树木能够逆着重力从根部将水吸上来，为什么海豚会跟随船只游动，为什么因纽特人即使居住在冰点以下的环境中也能安然入睡，等等。研究对象是人、动物，还是植物，他一直秉持着随心所欲、无拘无束地开展研究的观念。在研究领域被细化的现代，涉猎范围如此之广的研究人员一定已经没有了。

在他那些不计其数的、几乎像小学生般单纯的疑问之中，有这样一个问题：为什么鲸和海豹能够长时间屏住呼吸？它们和包括人类在内的其他大多数哺乳类动物有什么不同？

于是肖兰达马上组织设计巧妙的实验方案并着手进行研究，这也是他异于常人之处。他当时在挪威奥斯陆大学的一个地下室里打造了一个特制的泳池，开始饲养海豹。他捆住海豹将其沉入水中，用以观察它的心肺机能会发生怎样的变化。

变化是戏剧性的。海豹的脸部刚一沉入水里，心跳数就瞬间下降，以差不多每分钟10下的超缓慢速度跳动。海豹在抑制呼吸期间，会一直保持这种状态，当它再次露出水面开始呼吸时，心脏也会恢复到原来跳动的节奏。

这是现在已被大家所熟知的"潜水心动过缓"或"潜水反射"的现象。海洋动物一开始潜水，心跳数就会骤减，循环于体内的血液流动模式就会发生改变：维持住脑和眼球这种关键身体机能部位的供血，将手脚末端和胃部这些在潜水过程中非必要部位的供血暂时切断。这样做可以控制体内氧消耗总量，从而延长潜水时间。发现这一现象的就是肖兰达。

此外，虽然不像海豹这么明显，但潜水心动过缓也会发生在人类身上。我们只要把脸泡进装满冷水的洗脸盆里，心跳数就会下降，与只在空气中屏住呼吸相比，能将这种不呼吸的状态坚持更长时间。我也尝试着做了一下，结果果真如此。动物的身体实在是不可思议的东西。

肖兰达并没有因为发现了潜水心动过缓而感到满足。自然界中海豹的潜水能力究竟有多强呢？他认为如果不弄清楚这一点，即使将这种只在游泳池里进行的实验重复多次，结果也不过是纸上谈兵罢了。

在1940年，对于海豹和鲸等海洋动物到底能潜多深这种问题几乎一无所知。因为偶尔会有被渔网和海底电缆等这种人工制品挂住而溺死的海豹和鲸，所以由此推测它们至少能下潜到那个深度。

"但要怎样才能测量出海豹的潜水深度呢？"肖兰达开始了思考。戴着水下呼吸器去海里追？不行不行，海豹的速度太快了，人类根本追不上。对了，在海豹的背上安装深度计就可以了。不是由人类来观察海豹，而是让海豹去观察海豹就可以了。

肖兰达对于这个想法的转变，成为后来飞跃发展的生物记录的原点。

深度计也就是水压计。水的压强，是以海平面为 1 个大气压、深度 10 米为 2 个大气压、20 米为 3 个大气压、30 米为 4 个大气压的规律来增加的。所以测量出水压的话，就能直接转换成深度。

水压可以用一种在充满液体的软管中加入空气的简单仪器来测量。随着水压的增加，空气就会被逐渐压缩。按照波义耳定律，"压强 × 体积"总是恒定的，因此如果从刻度上读取空气的体积数值，就可以知道当时的水压数值。

肖兰达还煞费苦心地在水压计软管中的液体里加了墨水以显示颜色。这样做就能在事后从软管壁上附着的颜色扩散情况，看空气最小被压缩到了什么程度。也就是说，能在海豹反复潜水的过程中，记录到它潜水的最大深度。

这种仪器被肖兰达安装在了灰海豹和冠海豹这两种生活于北极圈的海豹幼崽身上。选择比成年海豹更容易控制的海豹幼崽，应该是为了简化实验，从而切实地取得数据吧。因为必须将仪器回收再读取记录，所以是给海豹们拴上了长长的绳子后再放回海里的。虽然这样会严重妨碍海豹潜水的自由性，但肖兰达认为这是为了获取一手数据而做的无奈让步。

肖兰达顺利地记录到了灰海豹和环海豹幼崽分别下潜至 22 米、75 米的最大潜水深度。1940 年，这是成为生物记录之源的第一滴水落下的瞬间。

不知道是幸还是不幸，像肖兰达这样的巨人，他的兴趣在其他方面也涉猎广泛，所以对海豹行为的测量并没有在此基础上继续展开。生物记录之门确实是由他开启的，但他并没有走进去，而是很快地走向了另一扇门。

将开启后的生物记录之门面向全世界敞开的，是比肖兰达晚一代的三名研究人员。他们各自独立开发了原始的记录仪，依次明确那些不为人所知的动物生理和生态情况，证实了生物记录这种方法所拥有的无限可能性。不仅如此，他们还培养了下一代的研究人员和技术人员，对扩大生物记录范围起到了推进作用。

虽然没有被赋予"世界上最初"的头衔，但我认为这三个人才是真正意义上的先驱者。他们是美国的库伊曼、英国的威尔逊，还有日本的内藤。

海豹的潜水生理机制——杰拉尔德·库伊曼

美国的杰拉尔德·库伊曼（Gerald Kooyman）继承了肖兰达所开辟的潜水生理学（研究海豹和企鹅抑制呼吸进行潜水时所产生的各种生理反应的领域）并逐步延伸，现在已经成为这个领域的世界级权威人物。不仅如此，他还在世界上率先开发了动物专用的深度记录仪，用这个记录仪来测量海豹和企鹅的潜水行为的相关成就也广为人知。

但究竟为什么要对海豹和企鹅的潜水行为进行调查呢？

潜水生理学领域在美国发展得尤其迅速，是因为在第二次世界大战中担负各种任务的水肺潜水员活动频繁，使得克服潜水病这种谜一般的致死疾病成为迫切需要解决的课题。

现在我们很清楚地知道，长时间处于高水压环境下的水肺潜水员，在上浮时会有患上潜水病的危险。潜水病是指溶解于血液中的氮气因气化而生成气泡，致使毛细血管堵塞而引起的疾病。即使不使用水下呼吸箱直接潜水，如果过度地反复进行剧烈的加压、减压，那也是无比危险的。

但为什么从来没有听过海豹也苦于潜水病呢？在20世纪60年代，库伊曼抱着对这一点的兴趣开展研究。学习伟大的前辈肖兰达的方法，库伊曼在游泳池中将饲养的海豹沉入水里，来监测它的心跳数、血流、血液中的含氧量和乳酸含量等。抑制呼吸的海豹身体会产生怎样的生理反应，而这又跟潜水病有怎样的联系？库伊曼认为以海豹作为模型，或许能更加深刻地了解潜水病的机制和避免方法。但是库伊曼也和肖兰达一样，在海豹的实验反复进行的过程中，深切地感受到了实验手法的限制。在水槽中的模拟潜水和实际上的潜水，就像影子拳击和实际上的拳击一样相差甚远。被束缚住身体在水面下一动不动地屏住呼吸的海豹，既没有拍动着足鳍自由地游动，也没有经历水压的变化，而且连潜水时间都不能由自己来决定。

库伊曼又一次想起了肖兰达的那个试图记录野生海豹自由潜水状态的挑战。从结果来看，并不能说肖兰达的实验是成功的。他使用的研究对象是潜水能力尚不发达的海豹幼崽，并且还是处在被绳索束缚住行动无法逃脱的状态下，只记录了一次最大潜水深度就结束了。尽管如此，肖兰达还是挑战了实际的拳击而非影子拳击，证实了给动物安装记录仪的研究方法在技术上是可行的。

于是库伊曼决定，自己制作一款可以安装在海豹身上的记录仪。

使用厨房计时器的深度记录仪

现在的生物记录仪器普遍都数字化了，测量值以数字数据的形式记录在内置内存中，再将数据下载到电脑上，使用计算软件进行分析处理。

但在库伊曼自制原创记录仪的 20 世纪 60 年代初期，还没有萌发数字革命，一切仪器都是模拟式的。

正如之前所说，如果想要知道深度，去测量水压就好，利用空气压缩原理的水压计可以轻松地测量水压。但对库伊曼来说，摆在面前的有三个大难题：首先，必须记录深度的时刻变化；其次，整个装置的大小只能覆盖在海豹的身体范围内；最后，装置必须从海豹身上回收。

库伊曼一边和认识的钟表修理工商量，一边设计出了一个让小的圆形毛玻璃慢慢旋转，并在那里标注水压变化的装置。为了让毛玻璃旋转起来，他买来了市面上的厨房计时器，在计时器咔嚓咔嚓的声音中，把其中的旋转结构拆下来放入金属盒子里使用，这就是值得纪念的库伊曼式记录仪一号。

库伊曼把这个记录仪带到位于南极的美国基地，用以开展自己的研究项目，并安装在韦德尔氏海豹身上。韦德尔氏海豹没有天敌，所以它们会像海参一样惬意地躺在南极的冰面上。将它们捕获并安装上记录仪也不费事，再过数日之后就能再次捕获它们并取回记录仪了。令人意外的是，必须回收仪器才能获得数据这一最大的难点，在南极这片特殊的土地上并不成问题。

于是在 1963 年，他成功记录到了韦德尔氏海豹的潜水行为。和 20 多年前肖兰达的实验不同，这次使用的是充分成年的海豹，也没有用绳索来束缚海豹的活动。而且不是记录深度的最大值，而是记录了深度时刻的变化。尽管模仿了伟大前辈的研究手法，却使研究的质量有了显著的提升。

经过两个季度数据的积累，库伊曼明确了韦德尔氏海豹有时会进行深度为 600 米、时间为 43 分钟的超级潜水。600 米差不多是东京晴空塔的高度。海豹可以屏住呼吸从东京晴空塔的顶端开始下潜，荡荡悠悠地游到地面后再折返，又游回塔的顶端。43 分钟也就是差不多一集电视剧的长度，海豹可以从一集电视剧的开头直到结尾，都屏住呼吸。这个令人惊讶的结果被他于 1966 年发表在《科学》期刊上。

现在，生物记录仪器正由世界各国的企业竞相开发，但都是以半个世纪前库伊曼所开发的深度记录仪为原型，连最新的数字式记录仪，据实说起来，也不过是将库伊曼的记录仪数字化、小型化，并增加了测量项目和记录时间等功能罢了。

令人意外的是，生物记录的根源来自海豹的潜水。不论是肖兰达还是库伊曼，从氧气呼吸的角度对海豹的潜水进行详细调查的生理学家们，都想出了生物记录这种手法，并开发出了相应的仪器。而使用生物记录挑战潜水生理之谜的这个流派，至今仍然代代相传。

但也确实存在从"动物在海里做什么"这种生态学角度构思生物记录的手法，开发独创的计测器，甚至开辟了一个新世界的流派。这个流派的鼻祖就是英国的罗里·威尔逊。

企鹅的生态学——罗里·威尔逊

现在于英国斯旺西大学担任教授的罗里·威尔逊（Rory Wilson）是海鸟相关的研究人员。他从企鹅等海鸟最初是在什么样的环境下、以什么为食、如何将生命延续到下一代等生态学的角度出发，第一个将生物记录纳入研究手法，并因此而闻名。

威尔逊不仅是先驱者，而且从生物记录的黎明期一直到现在这数十年时间里，他总是跑在前面的第一棒。说起其积极性之高，感觉他一天有 48 小时似的——他不仅开发了搭载新型传感器的生物记录仪器，而且成立公司进行普及。他还将通过这个仪器所得的调查结果像流水作业似的一个接着一个地写成论文。此外，他还是个能自如地使用五六种语言的天才，在学会里遇到的时候，他也会跟大家开玩笑，滔滔不绝。

威尔逊在 20 世纪 80 年代初毕业于英国著名的牛津大学，之后去南非开始进行正式的研究活动。当时的英国正处于由沃森和克里克发现 DNA 双螺旋结构而开启的分子生物学的繁荣时代，所以生态学家要在英国国内找到工作是非常困难的，去南非、澳大利亚、加拿大等其他国家进行研究是比较好的选择。

南非的海岸线上生活着斑嘴环企鹅。原本就对海岛生态抱有兴趣的威尔逊，立刻拿上笔记本和铅笔开始着手观察。企鹅们时而围绕巢穴的空间在种群内展开激烈的争夺，时而有企鹅幼崽追着母企鹅转来转去地想要食物，总之展现出了很多有趣的行为。这些，威尔逊都逐一地记录了下来。

但不久之后，威尔逊就感觉到这种研究手法的限制。生态学的目的，说到底就是要了解生物的生死。企鹅在严酷的自然环境中，怎样去捕获猎物、躲避天敌、延续生命给下一代，对这些进行调查才是最重要的。尽管如此，关于企鹅生存的事情几乎都发生在海里，因此无法进行观察。威尔逊开始认为，在陆地上观察到的企鹅在巢穴周围进行的那些行动，终究不过是一些细枝末节而已。

这样一来，威尔逊基于和库伊曼不同的动机，却得出了同一个结论：必须研究一种能测量企鹅在水中行动的方法。

破天荒的想法

威尔逊把斑嘴环企鹅定为目标，并进行相关记录仪器的开发。这与库伊曼的研究对象韦德尔氏海豹相比，条件要严酷得多。斑嘴环企鹅的体重仅是韦德尔氏海豹的 1%，所以记录仪也要相应地缩小。而且相对于从美国政府那里获得了不少研究经费的库伊曼，以南非作为基地的威尔逊所得经费非常有限。

威尔逊当时看到了背着水中呼吸器潜水所用的深度计。虽说是深度计，但毕竟那时是 20 世纪 80 年代，所以不是像现在的手表型潜水电脑似的数字仪器，而是在充满液体的软管中加入空气的纯粹模拟型仪器。

一般来说，市场上所售的商品都是经历过市场经济的惊涛骇浪的胜利者，不管是完成度还是性价比都绝对高于手工制品。所以威尔逊觉得想要便宜地制作一款好的记录仪，不能从一开始就手工制作，而要先买入可以使用的市售品，再将其对应目的进行改良。

但是潜水用的深度计只能表示出当前的深度数值，所以不能直接拿来使用。因为要安装在企鹅身上测量它们的潜水行动，所以必须有一个能随着时间记录深度值，之后可以读取的装置。而这才是威尔逊最主要的目的。

正如之前所说，深度计利用了空气因水压而产生压缩的现象，随着水压的增加，内部的空气被压缩，液体和空气的分界线就会移

斑嘴环企鹅

动。因此通过读取这根线的位置，就可以知道水压，进一步得出深度。

威尔逊在液体和空气的分界线上涂了放射性物质，下面铺上了X光胶片。如果表示水压的分界线产生移动，那上面的放射性物质也会随之移动，其位置就会渐渐地烙在胶片上。就是说，可以在事后从烙在胶片上影像的位置看出动物下潜的深度，还可以通过影像的浓淡推断在那个深度上累计停留的时间。正因为使用放射性物质是一种破天荒的想法，让我觉得不愧是威尔逊，但他的做法在现在恐怕很难被许可吧。

威尔逊在1984年发表了通过自制的深度计所测量出的斑嘴环企鹅的潜水记录。当时，帝企鹅这种世界上最大的企鹅身上被安装过加以改良的小型化库伊曼式记录仪，但除此之外的小、中型企鹅的潜水记录这还是第一次。

作为生理学家的库伊曼和作为生态学家的威尔逊万万没想到，他们不知道什么时候站到了同一个比赛场地上。

恰好在威尔逊成功开发了独创的记录仪、库伊曼对自己的记录仪进行反复改良的时候，日本也有一位正在进行动物专用小型记录仪开发的研究人员。在没有互联网的时代，他既不知道库伊曼也不知道威尔逊，尽管如此，他却制作出了比库伊曼式记录仪性能更高、比威尔逊式记录仪更小型的测量仪器。

海豹的生态学——内藤靖彦

2001 年，我正在东京大学读本科四年级，通过时任农学部教授的青木一郎接受了内藤的邀请，去拜访日本国立极地研究所。我踏入生物记录的世界，就是以此为契机的。

当时，内藤作为极地研究所的教授，正在进行一个给南极的韦德尔氏海豹安装照相机的项目。虽说是照相机，但从形状上看，做得要比船员们使用的大望远镜更厉害。用手掌般大小的巨大活动扳手将盖子打开，露出电子线路，再和电脑进行连接。虽然内藤两眼放着光地告诉我"要给海豹安上这个"，但当时什么都不懂的我只是在那儿发愣。给海豹装照相机？在说什么呢？

极地研究所的架子上紧紧地排列着内藤称之为数据记录器的黑色筒状物体。有长的、有短的、有带螺旋桨的、有电极突出来的，等等，类型各种各样。我虽然不太懂，但内藤所在的科研小组在调查海豹的装置上下功夫，给我留下了很深的第一印象。

人生真的是无法预测。在距离那时十多年后的今天，我不仅全身心地投入到生物记录的世界，甚至还在极地研究所任职，并在内藤退休后成为研究小组的带头人！

在20世纪80年代开发了独立于库伊曼和威尔逊之外，且更小型、更高性能记录仪的，是内藤靖彦。他开发了超精密机械构造的深度记录仪——用极小的金刚石触针在卷轴纸上记录深度。不仅如此，他还在20世纪90年代初期，率先在世界上成功地将记录仪数字化。并且在那之后，心跳记录仪、加速度记录仪、摄像机等新式的测量仪器也相继问世，关于新的传感器和记录方式的点子在他年逾七十的今天也没有停止。

所以，我在这里详细介绍内藤制作完成初期记录仪之前的故事，一方面是因为那是生物记录历史中坚实的一页，另一方面是因为我觉得我自己的人生跟内藤有着很深的联系。

内藤于1969年升入东京大学海洋研究所的研究生院，开始了对海豹的生态研究。他的指导老师西胁昌治教授是日本海洋哺乳动物研究的奠基人。

虽然在北海道的沿岸可以看到五种海豹，但其中的胡麻斑海豹和金钱海豹的模样非常相似，所以在当时的分类中属于同一物种的不同亚种。虽然有胡麻斑海豹在海冰上产子、金钱海豹在岩石上生产这样的差异，但这始终被认为是物种内的微小变异。翻看当时的文献，各处都记述着胡麻斑海豹是"冰上繁殖的海豹"，金钱海豹是"陆地上繁殖的海豹"。

作为研究生的内藤，在北海道沿岸乘坐当时正在作业的海豹狩猎船（为了采集毛皮），收集了很多被猎捕的海豹遗骸。然后他对它们的形态进行了详细的调查，结果发现胡麻斑海豹和金钱海豹之间，被称为舌骨的颈部骨头的形状有明显的区别。后来美国的研究人员以内藤的这个发现作为依据，判定这两者分别属于不同的种类。

尽管如此，内藤的心情也没有愉悦起来。这样就算是真的了解海豹了吗？内藤的脑海中所浮现的，是即使在冰面上休息，一有什么事就马上扑通一声跳进海里的海豹身影。它们的生活大半都是在海里度过的，但那个情形却观察不到，多令人着急啊。

没想到内藤在面对北海道的海豹时，抱有和威尔逊对南非企鹅同样的心情。

但是内藤没有马上着手开发记录仪。因为虽然他在1972年就取得了学位，但是几乎没有大学和研究所会雇用海豹专家，为了找工作，内藤费了很大劲。

幸好东京水产大学（现东京海洋大学）雇用了内藤，让他在小凑实验场（现已移交给千叶大学）担任助手。于是他在那儿工作的五年时间里，一方面帮忙进行鱼类相关的实验和面向学生的海洋实习等，另一方面致力于将手头的海豹数据汇总撰写成论文，就那样过着充实的每一天。但是想要调查海豹潜水的野心难以抑制，在内藤的内心深处散发着一丝丝淡淡的光芒。

就在这时，一份意想不到的工作邀请被送到了内藤面前——担任日本国立极地研究所的生物小组副教授。极地研究所，顾名思义，就是将南极和北极作为研究范围的研究所。这个生物小组，仿佛在向内藤发出召唤："请研究一下海豹。"内藤二话不说就立即答应了下来，并于1976年转去了极地研究所。

日本在南极有一个叫"昭和基地"的观测基地。将昭和基地作为根据地来维持、运营观测事业的就是极地研究所。成为研究所的职员，就是自愿成为南极观测队的一员，要负责维修、保养昭和基地的基础设施和推进当地现场的观测工作。

我自己就是极地研究所的职员，所以非常清楚，极地研究所最重要的一项工作就是去南极。这一点至今依旧如此。但在内藤就职的时候，研究所还没成立多久，人员都还没凑齐，所以情况有些糟糕。日本的南极观测队，如果是夏季队的话就是5个月，但如果是越冬队的话就是1年零5个月的长旅程（现在的观测队如果乘飞机飞到澳大利亚，日程会缩短1个月左右）。反复进行南极考察，研究人员当然就会经常不在日本。内藤那一代的极地研究所的职员们，在30~40岁的时候几乎都没帮忙照料过孩子，因此至今仍在太太面前抬不起头来。

但即使有那样的困难，他也很开心地觉得终于拥有了可以实现自己多年梦想的环境。他利用在南极出差时的间隙，着手开发心心念念的记录仪。

超精密的机械构造

内藤开发仪器的目标从一开始就很明确：一是小型化，二还是小型化。如果有能将对野生动物的调查进行革新的工具，那必然是一款不仅能安装在海豹身上，还可以安装在其他任何动物身上的超小型记录仪。这是从 30 多年前的那个时候起直到现在，内藤一直保持不变的强烈信念。

而内藤认为实现小型化的最大突破，是 1980 年的时候，像地壳变化一样缓慢推进的数字化转型。虽然当时还只能切身感觉到那么一点点的兆头，但内藤预感到，不论在质上还是量上都属于另一维度的数字数据像海啸一样涌来的时代即将到来，进行科学研究的方式会产生根本性的变化。

所以内藤从一开始就将数字型记录仪的开发纳入视野。但他清楚地知道，当时相关的电子技术还不发达，如果将计划强行推进，最后反倒会做出一个比模拟式更大的装置来。他认为还不是进行数字革命的时候。

于是他决定，将数字化这个课题暂缓，先主攻模拟式，做出一个谁都没有做过的超小型记录仪。可以说，内藤有着超强的决断力和洞察将来的能力。内藤经常告诉我："盯着 10 年、20 年后的大目标来研究吧！"因为他本人就是那样一路走来的，所以我没法反驳。

然后他一边跟众多的精密仪器制造者讨论，一边开发。他很早就决定了在记录仪的内部使卷轴纸转动、用笔将时间数列画成图的方式。那么要将仪器小型化到极限的关键，就在于笔尖能有多细。在尝试了唱针等各种各样的材料之后，内藤终于选定了当时半导体业界所使用的金刚石触针，用它就能画出宽度为 7 微米的超细线条。

就这样，在 1984 年，崭新的内藤型记录仪大功告成。这是一款甚至可以称为艺术品的、极其精密的机械式记录仪。在金属外壳的内部，宽仅 8 毫米的卷轴纸在电池的带动下慢慢地卷动，而在纸的上面，有一根极小的金刚石触针在记录着压力的变化。

内藤立刻把这个记录仪带到了南极的昭和基地，安装在了阿德利企鹅身上。虽然昭和基地的周围也有韦德尔氏海豹，但要证实小型记录仪的可用性，还是阿德利企鹅比较合适。并且，在 24 年之后，我自己也带着最先进的动物专用摄像机，造访同一个阿德利企鹅的调查地，所以不由得感叹这缘分的奇妙。

于是内藤用世界上最小的记录仪，成功地获得了世界上最高精确度的深度数据。数据在 1990 年作为论文发表，这是第一次将无法观察的海洋动物的潜水模式进行详细报告的、划时代的工作。

向长时间记录发起的挑战

乘着在企鹅身上获得成功的势头，内藤开始着手开发进行长时间记录的记录仪，作为接下来的挑战。

在此之前所制作的记录仪，记录时间都受到了严重的限制。库伊曼的记录仪，初期型只能维持 1 小时，之后即使经过改良也顶多维持 10 天。给阿德利企鹅安装的内藤式记录仪，最长工作时间可达到 25 天。尽管如此，内藤还是不满足。作为接下来的目标，他的脑海中开始浮现出北象海豹的身影。

北象海豹是一种可以在加利福尼亚海岸边看到的巨大型海豹。但它们也不是一年到头都待在那里，比如成年雌海豹的情况就是，从 2 月到 5 月及从 6 月到次年 1 月，这总计 10 个月左右的时间里，会突然从海岸线消失。用成人比喻的话，这就是一年里有 10 个月都在出差中度过的顽强商务人士。

现在通过使用 Argus 系统进行的生物记录调查，我们了解到，不在海岸上这段时间里，它们正在广阔的太平洋里进行着长达 1 万公里的洄游。但在 1990 年，还完全不知道北象海豹到底在哪儿、在做什么。而想解决这个疑惑的美国研究人员，就向拥有精密记录仪技术的内藤寻求帮助。

内藤为了延长记录仪的记录时间，把给阿德利企鹅安装的记录仪放大一圈，将卷轴纸延长。再将金刚石触针小型化到极限，从而能更为节约地使用卷轴纸。像这样千方百计地反复钻研，连续记录的可能性可达 3 个月以上的新型记录仪于 1986 年诞生了。

新型记录仪的成果以戏剧性的形式表现出来。他们弄清了北象海豹在从海岸上消失两个半月去进行洄游期间，可以昼夜不分地在深度为 400 米 ~600 米的海里反复进行多达 5000 次的潜水。它们什么时候睡觉？为什么要这样做？为什么它们不会得潜水病？不断涌现出来的新问题，数据给出了最好的答案。为了解答这些疑问所做的调查现在仍在进行，因此可以说，内藤所完成的北象海豹连续潜水记录，是生物记录历史上坚实的一页。

从模拟型到数字化

正如之前所说，我踏入生物记录的世界是在 2001 年的夏天，距离内藤成功获得阿德利企鹅和北象海豹的潜水记录，已经过去了 10 多年的时间。那时我所见到的记录仪，早已是数字化的了。数据不是描绘在纸上，而是作为数字数据保存在内部的存储器里，再下载到电脑上。之后的分析处理和图表化等相关作业也全部由电脑执行。这种现在也在继续使用的形式，早在 2001 年的时候就已经完成了。

使用金刚石触针的机械式记录仪早已退役，并作为古董展示。

我记得内藤给我看过的，是一个反复使用后被压扁的淡蓝色金属物体，比数字式记录仪要大得多、重得多。而且内藤边说着"以前就是这样的"，边拿出了一卷银色的极细卷轴纸。我凝神一看，上面横着连接的几百个像 U 字的图案，被像头发那么细的笔写得密密麻麻的。这是北象海豹的潜水记录。横的方向表示时间的经过、纵的方向表示深度，因此一个 U 字就表示一次潜水。将这卷纸放大复印，内藤用尺子给我演示讲解了对潜水时间和潜水深度进行详细调查的方法。

数字化和模拟型之间如此巨大的差异，连我这个当时对生物记录尚未入门的人，都能一目了然。

让我们回到 20 世纪 80 年代后半期。在对阿德利企鹅和北象海豹的记录获得成功之后，内藤最大的挑战就是记录仪的数字化。说到 20 世纪 80 年代后半期，是几乎所有处理数字和文字的系统都快速数字化的时代。在大学和企业的研究所里，也不是把测量值和计算结果直接输出成图表，而是作为数字数据保存在电脑里。而且就像前面说的，内藤从很早之前就预感到了数字革命的到来，并一直等待着这一天。

生物记录的仪器能实现数字化的话，其优势不可估量。首先，卷轴纸和笔被替换成了小小的电子线路和内存，所以记录仪整体就能做到更加小型化。而且不仅是深度，还能同时记录温度和速度等诸多参数，甚至可以记录与之前相差悬殊的大量数据，用电脑进行大量解析。

抱着这样的想法，内藤成为世界上率先开始着手将记录仪数字化的人。他把迄今为止所培训的小型录音机相关技术全部摒弃，并与相关的从业者断绝关系。因为这些完全都是从"1"开始构筑的人脉关系和积累的技术，所以是一个很大的赌注。

内藤觉得这只是区区一介研究人员的一项幻想似的工作，大企业大概是很难奉陪的吧。但是那些离开大公司、正在寻找有趣工作的技术人员，一定就在某个地方。而对这些人了如指掌的，应该就是那些送出了很多毕业生的大学工学系的老师吧。于是内藤向认识的大学老师询问商量，请他们帮忙介绍几个离开大企业正在做自由职业的人才。

就这样，内藤邂逅了经营着一家叫作"小列奥纳多"的小型公司的铃木道彦先生。铃木先生不仅精通最新的电子线路和数字技术，还十分了解传感器和防水技术。另外，他还具备使用人际网络将其覆盖的灵活性。而最重要的是，他认同内藤的满腔热忱，对成败未知的挑战付以同生共死的决心。

2001年夏天，我初次拜访极地研究所时看到的各种类型的记录仪，包括那些形状奇特的照相机，全都是小列奥纳多公司的产品。之后我置身于生物记录的研究领域，迄今为止使用过数不清的记录仪，几乎都是小列奥纳多公司的产品。

被北海道的海豹吸引、想要了解海中生态的研究生内藤，他的热忱在40多年后的今天，以小列奥纳多公司的产品具象化了。

先驱者们的法则

现在我们对由先驱者们苦心研究出的生物记录这一手法，以及其确立之前的流派进行一下总结吧。

世界上第一个进行生物记录调查的，是以发现潜水心动过缓而闻名的生理学巨人肖兰达。他对在潜水过程中所产生的生理反应非常感兴趣，为了弄清楚海豹在大海中能潜到多深，他在1940年左右给海豹幼崽安装了简单的深度记录仪。但是实验在预备阶段就结束了，即使在他之后的经历中，也没有更深入一步。而代替他打开生物记录之门的，是库伊曼、威尔逊和内藤三人。

库伊曼是继承了肖兰达流派的美国潜水生理学家。为了调查南极的韦德尔氏海豹的潜水行为，他在20世纪60年代初期自制了可以连续记录深度的记录仪器。通过这个仪器弄清了海豹和企鹅那惊人的潜水能力，对使之成为可能的生理机制的解释也有了飞跃性的进步。

威尔逊是出生于英国的海鸟生态学家。他从"以企鹅为首的海鸟在海里做些什么"这个生态学角度的兴趣出发，在20世纪80年代初期自制了独创的记录仪。在预算非常有限的情况下，他通过将市场上售卖的深度计涂上放射性物质这一充满独创性的做法，完成了记录仪的制作。之后他还开发了数不清的记录仪、发表了看不完的论文，是不折不扣的生物记录领域的顶尖高手。

内藤是日本国立极地研究所的一名开发记录仪的生态学家。他以研究生时期对北海道的海豹进行生态研究为契机，对海洋动物在水中的行动抱有很大的兴趣，为了对这些海洋动物进行测量，他在1986年制作出了相应的记录仪。这是一款在金属外壳的内部，有一根极小的金刚石触针移动着在卷轴纸上记录压力的、超精密的机械式记录仪。内藤还从很早就预感到了数字革命的到来，并于1991年在世界上率先成功地开发了数字式记录仪。并且至今为止，他还在持续开发更小的、更高性能的、能测量出更有用参数的新型记录仪。

虽然现在的生物记录是从鱼类到哺乳动物，以各种各样的动物作为研究对象的，但是开发生物记录这一手法的最初动机，主要是为了测量生活在南极的海豹和企鹅的潜水行动。南极的海豹和企鹅不仅体形比较大，而且有警戒心弱、比较好捕获这一大优点。

先驱者们在研究态度上的共通点，是会反复地进行自问自答："我现在真的在朝着目标方向前进吗？"而且当判断出并非如此的情况下，他们都有能果断停止现状、修正方向的行动力。也就是说，他们都能在看准1~2年后的发展并推动现实项目的同时，又在实际上从多角度坚定地认准了10年后，乃至20年后的大目标。

那个动物，要再抓一次吗？

从内藤在1991年成功地将记录仪实现数字化以来，在电子装备技术飞速进步的带动下，生物记录的仪器正以惊人的速度进化着。由于内置内存的容量增加，实现更长时间、更高频率的测量成为可能；由于传感器也进行了改良，所以记录仪的尺寸可以更加小型化。除了可以同时测量深度以及温度、速度、加速度等众多参数以外，带有心跳数、GPS、摄像机等功能的新型记录仪也相继问世。

但是不管生物记录仪器的性能怎么提高，不变的是必须回收仪器才能获得数据这一事实。确实，就像在第一章中所介绍的，将数据从记录仪发送到人造卫星上，再通过网络传到研究人员手上，这样的系统早已实用化了。但因为受到数据通信速度的限制，所以通过这样的方式获得的数据只局限于极轻微的程度，比如连深度这样简单的数值数据都不能完美地发送，更何况照片和视频的数据都太复杂，发送不出去就不用多说了。

生物记录是把警戒心较弱的南极海豹和企鹅作为主要研究目标而发展起来的，这一点正如同我们之前所说过的那样。而因为我也进行过调查，所以很清楚地知道，南极的韦德尔氏海豹的放松状态有多惊人。跟有北极熊的北极不同，因为在南极没有任何天敌，所以如果一天当中它们花了几小时潜水来捕捉猎物的话，那之后就会一副天下太平的样子往冰面上随便一躺晒太阳。我们这些研究人员一靠近，它们顶多会抬起头看向我们，但不会逃跑，所以能比较容易地将它们捕获并安上记录仪，然后暂时放归自由之后，再次捕获并取回记录仪这样的循环操作。

企鹅也是一样。对它们来说，人类的存在大概就像掉在那边的石块一样，既不会引起它们的兴趣，也不会令它们害怕。所以用一个小捞网就可以简单地将企鹅捉住，回收记录仪时也能很容易地进行再次捕获。

但准确来说，不管是海豹也好，企鹅也好，所谓的安装和回收记录仪简单，也仅限于在它们育儿的时期。因为母海豹和母企鹅虽然为了寻找食物而出海，但几天后都会返回它们的孩子身边，所以只要堵在它们幼崽的所在地，就能将它们再次捕获。相反，在育儿期以外的季节里，海豹和企鹅都没有在同一个地点驻留的理由，因为它们要为了寻找猎物而到处漂泊，所以如果不是特别幸运的话，就很难再捉到它们。

想象一下貉和鹿就知道了，世界上的野生动物大部分都和南极的海豹和企鹅不一样。它们普遍警戒心比较强，人一旦靠近就会马上逃走，所以要捕获它们并不容易。更何况是要再次找到安装了记录仪的动物，对它精准地实行再次捕获，等等，这些基本是不可能的。

所以，为了使生物记录的应用范围也能覆盖这些普通动物，必须确立记录仪的回收手段。如果无法做到这一点，那生物记录最终会成为一个只有在世界尽头的南极才发挥作用的、非常缺乏普遍性的调查工具。

接下来，想简单说一说我自己的研究故事——向不能回收的生物记录发起挑战的、研究生时期的故事。

调查贝加尔海豹的开端

我带着自己的课题正式开始研究活动，是在作为研究生进入东京大学海洋研究所的 2002 年，是访问极地研究所，知道了生物记录存在的第二年。

指导老师宫崎信之教授是将鲸和海豹等海洋哺乳动物的生态作为专业的研究人员，当时在国内外展开了各种各样的研究项目。其中有一个以俄罗斯的贝加尔湖作为背景的研究项目，它正拟定要对生活在贝加尔湖的贝加尔海豹的生态进行调查。

处于狭小日本的研究团体里常有的事是，宫崎在 30 年前修完了海洋研究所的研究生课程，而内藤靖彦是大他五届的前辈。宫崎和内藤早已成为教授，他们经常会见见面或打打电话，畅谈一下研究的计划。但是宫崎作为东京大学的教授非常忙，内藤作为极地研究所的教授也非常忙。两人每每在话题中提到要进行共同研究的计划，但过了很长时间都没有实现。

没想到我一入学就赶上了。我不过是一个既没有知识积累也没有技术的学生，只是机遇比较好吧。以我为媒介，宫崎和内藤的共同研究计划达成了。也就是我拿着内藤开发的记录仪，去宫崎的研究所在地贝加尔湖，执行调查贝加尔海豹潜水行动的研究计划。即使是我自己，也万万没想到能以初出茅庐的研究生身份，去贝加尔湖那样的大自然之所，所以内心充满"我当然要去做"的激动情绪。

贝加尔海豹

只是，对于首要的研究内容，我以为只要拿着记录仪给海豹安上就可以了，所以应该很简单。我想着把对南极的海豹反复使用过多次的手法，照原样直接转用到贝加尔海豹身上就行了。

但很快我就意识到这是大错特错。追根溯源的话，贝加尔海豹应该是从北极的环斑海豹分化而来的物种。环斑海豹是北极熊的狩猎目标，所以不管是贝加尔海豹还是环斑海豹，都有着与生俱来的极强警戒心。在岩石和冰面上休息的时候，它们也时常把头朝向水面，哪怕只感觉到一点点异常，都会马上扑通一声跳进水里逃跑。想要再一次看到安装了记录仪的贝加尔海豹，并精准地将它再次捕获，这是怎么也做不到的事情。该怎么办才好呢？我的实地考察的出道之战，出发之前就有种束手无策的感觉……

但是从宫崎那里听说，俄罗斯的研究人员有一种"海豹回收装置"。海豹回收装置？我迄今为止的人生中从未遇到过这种装置，但反正就指望它了，于是我只带着记录仪就飞去了俄罗斯。

海豹回收装置是什么？

我第一次造访贝加尔湖是在 2002 年的夏天。在当地和我一起参与调查的，是从那之后都和我保持长期往来的俄罗斯科学学院湖沼学研究所的巴拉诺夫先生。他戴着一副黑色粗框眼镜，短短的黑发里夹杂着许多白发，是一位 40 多岁的绅士。生长在自然环境严酷的西伯利亚，精神上的坚强最终呈现出温厚的性格。在孤零零地建在贝加尔湖畔的专属研究室里，无数的工作机械和材料摆得满满当当，说是研究室，其实更像车间。巴拉诺夫先生总是穿着一件藏青色的运动服，胸口处横着别着一个大别针，他说这是为了挂眼镜而弄的，因为在喝冒热气的汤时经常会觉得眼镜很碍事。"My small invention."（我的一点小发明。）巴拉诺夫先生温和地笑了。

很快，我就看到了"海豹回收装置"。从外观上看，它是一个黑色金属箱，就像装年节菜的多层食盒那样大小，看不到里面，但据说里面放的是装二氧化碳的液化气瓶和气囊。设定好计时器，一到时间，金属箱就会啪嗒一声左右打开，同时气囊中被注入二氧化碳，一下子就膨胀起来。把这个装置安放在海豹的背上，再将它们放回海里，一定时间之后，受到气囊浮力的影响，海豹将无法下潜，等它们慌乱挣扎着浮在水面上的时候就可以再次捕获它们了。

巴拉诺夫先生把这个自制的装置叫作"Shuttle"（梭子）。如果说到"shuttle bus""shuttle taxi"的话，指的就是在特定的两个地点之间往来的车辆；而"space shuttle"是指不仅能飞出大气层外，还能以原来的形式飞回地球的宇宙飞船。这个名字包含了希望被放回海里的海豹能照原样回到身边的愿望。

巴拉诺夫先生为了研究，饲养了五头海豹。于是我们在其中一头的背上，安上了我带来的记录仪和巴拉诺夫先生的"梭子"，并将它放回贝加尔湖中。对我来说，这是第一次生物记录调查，而对巴拉诺夫先生来说，这是"梭子"的第一次实践，所以我们彼此都怀着忐忑不安的心情目送海豹离去。我们将计时器尽可能少地设置为30分钟，所以在30分钟后，我们应该就能看到啪嗒啪嗒地挣扎着的海豹了。

但是什么都没有发生。30分钟后，我们乘小船到贝加尔湖上到处探查，但那里只有像镜子般平静的湖面在无声地蔓延着，别的什么都没有。不知道为什么，"梭子"并没有工作。巴拉诺夫先生的苦心之作，还有我从日本带来的高价记录仪，都随着海豹一起消失于某处，再也没有回来。

就这样，我的初次生物记录调查，以一个无比狼狈的结果结束了。旅费花了，记录仪没了，数据为零。

而我的深渊还在继续。同年秋天，我再次造访了贝加尔湖，但在"梭子"以失败告终的情况下，我不知道该做些什么才好。为难之下的我，采取了把贝加尔海豹系在绳子上再放入湖里的"暴行"。

面对被我施了"暴行"的海豹，我就像养鸬鹚的人一样，在船上用手扯着绳子，然后用记录仪记录这个时候的潜水行动。在这么做了一会儿之后，我拉着绳子把海豹拉回小船上。这时我突然想到，测量这样极其不自然的海豹行动有什么意义！我终于走投无路了。

动物不用回收

此时向我伸出援手的是内藤。他一直酝酿着一个想法，就是不要连同动物一起回收，而只用计时器来分离回收记录仪。不，不只是酝酿了想法，他已经为此连装置的试制品都做好了。这样的情形我后来看到过很多次，所以现在很清楚地知道，这就是内藤展示新产品的方式：在试制品完成之前绝对保密，然后在需要它的人面前徐徐地、带着得意的微笑把东西展示出来。

装置由一根特殊塑料制成的束带和一个大拇指尖大小的电子仪器两部分组成。先把束带从中间切开，然后用环氧树脂连接起来。在接合的部位填入少量火药，还有一根电线从那里伸出来。也就是说，电线一连接电子仪器，计时器就开始工作，在剩余时间为零的瞬间，送入电流引爆火药，从而断开束带。因为火药的量非常少，所以不用担心会伤害到动物。

使用这个装置来制作一个把记录仪从海豹身上分离下来，再进行回收的系统就成为我的课题。因为必须让分离下来的记录仪浮上水面，所以需要一个浮力体。结合用途来寻找原材料，结果发现有一家叫"日油技研工业"的海洋观测仪器制造厂，他们生产的浮力体材料，具备必要的耐压性，吸水率低，加工起来也比较容易。

另外，即使记录仪从海豹身上分离下来并浮出水面，也不可能只用肉眼就能将它从如大海般宽阔的贝加尔湖面的某处找出来。于是我决定在浮力体里放入信号发射器。信号发射器能以一秒一次的频率发射信号脉冲。我想如果用专用天线来接收信号脉冲的话，就可以知道记录仪大致的方向，应该就能够找到它了。

还有就是要怎样把这些东西安到海豹的背上。我首先选择用黏着剂将薄的铝板粘在海豹的背上。然后在这个铝制的底座上，用放入了火药的束带来固定浮力体。这样一来，束带如果断开的话，那浮力体应该就能顺畅地浮起来了。为了让浮上水面的浮力体保持信号发射器向上挺立的状态，我还调整了一下重心和浮心的平衡。

于是，第一个分离回收系统就完成了。

事不过三？

距离"梭子"失败刚好一年的 2003 年的夏天，我第三次造访贝加尔湖。到那时为止都没拿出什么像样的成果却仍给了我第三次机会，要感谢宫崎老师的宽容，同时我这次对宝贝般的分离回收系统充满期待。

根据巴拉诺夫先生的提议，在真正给海豹安装记录仪之前，我们决定先把分离回收系统沉入贝加尔湖，测试它能否顺利地上浮。当然，这样的测试在日本也已经做过了，但还是要慎重再慎重。

计时器启动之后，在浮力体上拴上重石，再将它系上保险带沉入贝加尔湖水深 100 米处左右。然后我就和巴拉诺夫先生一起，在小船上等待着切断束带的浮力体浮上来。

尽管我们坚信这么简单的测试是不可能失败的。但是到了时间却什么也没有浮上来。在离给计时器设定的时间过去 1 小时、2 小时之后还是什么都没有发生。我们决定放弃后，试着把保险带拉上来，结果发现分离装置一点儿也没有工作过的样子，丝毫未变地保持着原样。

我都要昏过去了。分离装置不运转——

关键在于电阻值

第二个伸出援手的是巴拉诺夫先生。他对含有火药的束带进行了细致的调查，发现电阻值高得异常。如果电阻值太高，电流就无法通过，也就无法切断束带。一想到如果使用这个束带将海豹放回湖里的话，我就不寒而栗、面如土色。不仅是高价的记录仪又一次葬身海底，而且一定会为了寻找不可能找到的记录仪，进行一趟没有回报的搜索旅行。

对从日本带来的这10根左右的束带全部进行调查后发现，其中有电阻值低的正常束带，也有电阻值高得异常的束带。这是因为在当时，束带还处在试制品阶段，制造过程中的数值偏差较大的缘故。即便如此，知道了靠电阻值来甄别粗劣品这个方法，对我们来说也是等同于诺贝尔奖级别的一大发现。

可靠的巴拉诺夫先生为了确认束带的品质是否会因水压而改变，从车间一样的研究室深处拿出了压力仓。这是借用了汽车的制动器自制的一个物件，推动手柄时，就会通过制动液给罐装果汁般大小的金属盒子中施加压力。把束带放进金属盒子里，再施加相当于海豹潜水至水深200米处的水压。然后，我们确定了即使在这种情况下电阻值也不会发生变化。

这下才是万事俱备了。

和"梭子"那次一样，我们从研究所饲养的海豹当中挑选出一头，并在它的背上安装分离装置和记录仪。当我们把海豹从岸边放开，海豹就朝着贝加尔湖潜了进去，瞬间就不见踪影了。

我一边呆呆地目送着远去的海豹，一边想着真的能回收成功吗？几天后的我是欢呼雀跃，还是陷入悲伤，两个里面只会有一个是结果，我总觉得很不可思议。

结果是前者。电波准时进入计时器的工作预设时间，我们准确地接收到信号，乘着小船朝着相应的方向驶去，从海豹身上分离下来的橙色浮力体反射着耀眼的光芒，晃晃悠悠地浮在水面上。

就这样，我第一次，也是全世界头一次成功地测量到了贝加尔海豹的潜水行动。

我自傲地认为分离回收系统的确立，会在生物记录的历史上成为一个重要的阶段。之前不能成为生物记录的研究对象的海豹、海龟，以及众多种类的鱼，多亏了分离回收系统，它们都成为生物记录的研究对象。实际上，这个系统现在已经被国内外的研究人员广泛地接受，甚至有不少研究人员还将它作为常用的调查工具。

而我自己也总是会在出去调查时，把分离回收系统放进背包里。当然，每次都要确认电阻值足够低。

生物记录的未来

本章概述了从生物记录的黎明期一直到现在的大致发展过程。那么现在，研究人员又拥有什么样的梦想，在以什么作为目标呢？10年后、20年后会发生什么样的事情，又有什么事情会变得明朗呢？作为本章的总结，我想在这里思考一下生物记录的未来。

正如我反复提到的，开发生物记录这一手法的最初动机，是为了记录海豹和企鹅等动物的潜水行动。现在，这个目的可以说大体上实现了。深度记录仪是最基本的生物记录仪器，几乎所有种类的海豹、海狗、企鹅、海龟都已经被安装过了。关于潜水行动的不可思议，我会在下一章里详细阐述，但如果要说目前还有弄得不太清楚的动物，那就要属一些种类的鲸了。

而且随着分离回收系统和使用人造卫星的POP-UP TAG的普及，生物记录不仅用于潜水动物，还被运用在鱼类身上。除此之外，在鱼类相关的调查中还经常使用将数据通过超声波进行发送的做法。但不论怎样，我们已经从数不尽的、丰富多样的鱼类身上得到了关于深度的数据。

笼统地讲，我们现在已经大致知道了海里的动物们是在大约多少深度游动的。

但是，要是被问到动物们在潜水之前会做什么，还真是一下子回答不上来。从深度的变化和同时记录下的其他行为的参数等数据来看，虽然可以想象"应该是捕捉猎物的时间"或者"应该是休息的时间"之类的，但谁也不知道具体的答案。这是现在的一个大问题。

我想摄像机有可能打破这个现状。是通过安装在动物的背上，可以从动物自身的视角去观察这个动物在怎样的环境下做了什么的摄像机。我觉得这种体现了"百闻不如一见"的摄像机，在某种意义上，是生物记录的终极仪器。

最近渐渐地出现了使用这样的摄像机进行的生物记录研究。但是，受到电池和内存容量的限制，只能维持几小时的记录时间；或者因为没有光源，所以只能在极浅的地方才能拍到有用的影像——还存在很多不方便的地方。如果在不久的将来，这些技术上的问题都能得到解决的话，那摄像机将会担负起生物记录的核心作用，将那些目前无法观察到的动物的真实模样一个接一个地展现出来。

就像在第一章中所介绍的那样，能够追踪到动物的洄游和迁徙，是生物记录最辉煌的成果之一。它展示了丰富多彩的鸟类、海豹、鲸和鲨鱼，那完全可以说是把整个地球都当成自家庭院一样的大迁徙。

但是如果抛开这些考虑的话，感觉像这样大规模的洄游和迁徙等相关研究都差不多做完了。包括北极燕鸥、噬人鲨、棱皮龟在内，我们给几乎所有可能进行大迁徙的动物都安装了生物记录仪器，并报告了结果。

还有很多谜团的，是更小规模的迁徙移动、使其产生的动机和环境，以及它们之间的相互作用。比如，拿企鹅来说，离开有企鹅幼崽的巢穴出海，一直到几天后捕到猎物返回最多也就 10 公里的旅程，在这趟旅行途中企鹅会遭遇到什么样的环境（地方性的气候、冰块的突出情况、猎物的分布等），它是怎样应对的，这些到现在都很难调查。

但是，最近通过生物记录和遥感技术相结合，可以同时分析详细的移动轨迹和环境信息正在成为可能。如果通过这样的调查累积知识，那就可以更正确地预测出动物对于气候变化和人类活动所带来的生存环境的变化，会有怎样的反应。而且有必要的话，还能够寻求相应的保护措施。

令人惊讶的是，在大迁徙里还留有充分研究余地的是昆虫。虽然几乎可以肯定蝴蝶、蜻蜓、蝗虫等昆虫会飞越大海、横跨大陆进行大规模的迁徙，但我们基本上对其实际情况并不了解。以现在的技术，对昆虫群体的迁徙移动进行片段式的观察已经是竭尽全力了，还做不到对昆虫的移动进行一个一个的追踪。如果第一章中介绍的Geolocator 今后能做到更加小型化，就能够追踪到像蝗虫这样比较大型的昆虫的迁徙了吧。我相信，解开这个几亿只成群结队地穿越沙漠的蝗虫之谜的那一天，不久就会到来。

最后还有一点。到目前为止的生物记录，是以某只企鹅的潜水行动、某头海豹的移动轨迹，像这样一个一个的动物行为作为研究对象的。但是，大雁是编队飞行的，企鹅是一起跳进海里的，雄性香鱼是守着自己的领地引来雌性香鱼的，几乎所有的动物都是这样生活在与其他同类的相互关系中。通过同时测量许多动物的个体行动，明确它们的相互关系和社会性，这是生物记录未来的一个大目标。鸟和鱼为什么要组成编队来移动？其中会有领导者吗？群居动物会共享消息吗？它们帮助他人吗？或者存在欺骗吗？

通过像观察人类社会的视角一样观察动物的群体，揭示其中潜在的普遍性的物种真理，就是不久后将展开的"群体生物记录"。

第四章

潜　水

海豹知道潜水的秘诀

企鹅为什么要潜水呢？

在面向大众的演讲会和科学家咖啡厅之类的活动中，我最害怕的是在尾声设置的答疑时间。因为孩子们接二连三地提出的各种各样天真烂漫的疑问、怪问，经常会让我们猝不及防、无法预测，所以要求既有像柳树般的柔软力，又有即兴表演能力。与此相比，在学会里接受的询问大体上都是非常轻松的。

那一天也是如此。演讲会的重点是关于给企鹅安装摄像机的研究，当我围绕企鹅的话题讲了 30 分钟之后就是答疑时间。这时一个从容地坐在最前排的小学一年级学生模样的小女孩，精神抖擞地举起了手。这是一个一看就不寻常、散发着"危险"气息的女孩。"那么你有什么问题呢？"我一边装作若无其事，一边内心有点紧张地等待着——

"企鹅的毛，有多少根呀？"

我愣了两秒，之后拼命转动大脑。她说"毛"，是在说企鹅的羽毛吧？要把覆盖企鹅身体的羽毛一根一根数过的话，几万根？几十万根？有这样的论文吗？或者用"小鬼 Q 太郎❶ 的毛有三根"之类的玩笑来回击？但是现在的小学生知道小鬼 Q 太郎吗？

可悲的是，缺乏即兴表演能力的我，只能陷入蒙混过关

---

❶ 小鬼 Q 太郎：日本著名漫画组合藤子不二雄（藤子·F·不二雄和藤子不二雄 A）创作的漫画《小鬼 Q 太郎》中的主人公，其外形像一个白色幽灵，脑袋上长着三根毛发。

的窘境。

在另一场演讲会上，一个大约上小学四年级的小男孩向我提问：

"企鹅为什么要潜水呢？"

这个问题让我感到轻松，只要回答"是为了抓海里的鱼和磷虾来吃哦"就解决了。好的，下一个问题吧。

但是演讲会结束之后，我思考了好一会儿，这样马虎地回答真的好吗？也许那个小男孩提问的意图是别的方面。企鹅是鸟类，那样的话，它像其他鸟类那样在天上飞翔不就好了吗？为什么只有企鹅选择了潜入海里的生活呢？——也许他是想听关于这些的回答。

如果是这样，那正如我所说的，企鹅与包括信天翁在内的鹱形目的关系相近，如果追溯共同祖先的话，在6000万年以前它们也是在天空中翱翔的。而鸟类这种动物，原本的祖先是爬行动物。祖先在陆地上行走时，通过轻量化身体、强化胸肌、长出了翅膀，终于进入天空这片新的疆土。但企鹅却通过不断的进化，放弃飞翔，跑去海里了。我觉得企鹅这样的进化很奇怪。

想想看，不仅是鸟类中的企鹅，哺乳动物里的海豹和鲸、爬行动物里的海龟等，屏住呼吸潜入海里用肺呼吸的动物们，全都有同样的矛盾。因为所有的脊椎动物都可以追溯到鱼类祖先，所以如果追溯共同祖先的话，应该在3.5亿年以前都是在水里用鳃呼吸的。经过了漫长的时间，这其中的一部分进化为用肺呼吸、具备耐干性的动物，进入陆地这片新开拓地生活。尽管如此，像企鹅、海豹、海龟等，都出其不意地将好不容易到手的肺呼吸这个优势，带去了反而会使这些成为致命劣势的海中生活。为什么反倒还回去了？多么没效率！多么没有准则！

也就是说，动物的进化并不会按照事先决定好的路线一直前进。就像醉汉蹒跚的脚步似的，这边晃晃、那边晃晃，到最后还会沿着刚才来时的路往回走。对动物们来说，它们唯一要达成的目标，就是如何生存下去并将更多的遗传基因留给下一代，仅此而已。祖先们是什么模样、做了些什么，都无所谓。

我想正是因为有这样顺其自然的进化，才将动物研究的有趣之处一下子集中到了一起。肺呼吸的动物回到了海里，完全不合情理也没效率。但是它们做着做着，居然就做成了。不管是企鹅还是海豹，辗转之间，它们二次适应了水中的生活，并习得了连用鳃呼吸的鱼都会吃惊的长时间深海潜水技术。

说到潜水，对其进行测量恰好是生物记录的拿手好戏。不，哪里是拿手好戏，就像在第三章中说明的那样，这简直就是开发生物记录的源头。企鹅、鲸、海豹，它们能在什么深度潜水多少分钟？为什么它们能轻而易举地做到人类即使使用先进潜水技术也不可能做到的、长时间的深层潜水呢？它们究竟为什么不会得潜水病呢？对于这样朴素的疑问，生物记录从初创期到现在，一直在探索。

因此本章要讲的，是带着肺呼吸这样的不利条件潜入海中的、不可思议的动物们。让我们一边介绍生物记录所揭示的动物们的惊人潜水能力，一边逐渐地解开使之成为可能的背后机制。另外，生活在陆地上的我们很难体会到水中特有的物理现象，比如浮力这种自然之力，会对动物的潜水行动造成多么强的限制，我们也能从中清楚地了解到。

"企鹅为什么要潜水呢？"——对小男孩的这个根本性问题的答案，通过本章内容也应该能自然而然地了解到。

潜水界的强者——韦德尔氏海豹

先从简单的问题开始吧。动物界的潜水冠军是谁？

在此之前，我们先来确认一下进行比较所用的规则吧。作为表现动物潜水能力的参数来考虑，是选潜水深度还是潜水时间呢？是认为潜得深的动物获胜，还是认为潜得时间长的动物才了不起，这就要看考虑方式了。为了简便起见，我们采用了前一个规则。也就是说，唯一能到达其他动物都无法到达的深度，那个物种才是动物界的潜水冠军。但是实际上，潜得深的动物无一例外都潜得时间长，所以不管采用哪个规则，排序都没有太大变化。

那么，说起潜水的话，海豹伙伴们高手如林，其中韦德尔氏海豹以格外优越的潜水能力而闻名。这种海豹平时在一片太平的南极冰面上懒懒散散地无所事事，即使我们这些研究人员靠近也不会停止酣睡，是名副其实的懒汉。一旦进入海里，它们就马上变身为精力充沛的超级潜水员。

没有比韦德尔氏海豹更适合生物记录的动物了。首先是体重可达 400 千克的巨大身躯，所以即便给它安装上搭载着新型传感器且较大型的仪器（还在测试阶段），也安然如故。而且捕获起来非常简单，仪器安装自不必说，甚至为了回收仪器而进行的再次捕获也不会成为问题。而且它们被记录下来的潜水行动活力值，总是让人吃惊，可以说是诞生在生物记录之星下的逸才。正如第三章所介绍的，在生物记录的发展中总是伴随着韦德尔氏海豹。

我们知道韦德尔氏海豹每天能在 300 米~400 米的深度反复潜水，这个深度几乎可以完全将东京塔淹没。韦德尔氏海豹一次潜水需要耗时 20 分钟左右。查阅目前的文献，有深度为 741 米、时长 67 分钟的记录。

为什么需要潜到那么深呢？

正如稍后我们会解释到的，海豹只是为了潜水这一个目的而使身体发生了特殊变化。特殊化就意味着不能成为多面手，意味着要牺牲其他方面的潜在能力。所以我觉得潜水也要适可而止，直接在浅的地方捉鱼就好了。

这个答案是 2000 年时，在日本国立极地研究所做助手的佐藤克文先生（现为东京大学大气海洋研究所教授）在南极给韦德尔氏海豹安装了照相机后进行的调查中查明的。分析数据的是当时正在读大学四年级的我。只是站在研究界入口处的我，忠实地按照佐藤先生的建议来进行分析。

通过分析从韦德尔氏海豹的视角拍摄到的潜水照片，我们发现海豹潜得越深，拍到的猎物就越多。虽然以当时照片的画质，很难辨别出猎物的种类，但总觉得看上去好像大多是一种被分类于南极鱼亚目的南极固有鱼类，在日本俗称"冰沙丁鱼"。

当我正苦思冥想韦德尔氏海豹潜水到底意味着什么时，我突然恍然大悟。原来如此，海豹的潜水能力原来是这样进化来的。

也就是说，这种冰沙丁鱼是以磷虾和端足类等浮游动物为食，但是浮游动物大多聚集在水深比较浅的地方。在灿烂阳光的照射下，浮游动物的营养源——浮游植物得以大量生长。所以冰沙丁鱼会尽可能地上浮到深度较浅的地方饱餐一顿。

但是如果冰沙丁鱼错误地上浮过多，就会深入到恐怖的韦德尔氏海豹的射程范围内，自己反倒被吃掉了。所以冰沙丁鱼要取得一个既能尽量找到食物，又让海豹够不到的绝佳防守位置。但是这下子饿着肚子的海豹，会再努力地潜得更深一点。即使身体条件允许，实现起来也比较困难，但是为了生存，动物也会拼尽全力去捕捉猎物。

这样事关彼此生存的长期战略的结果，就是韦德尔氏海豹进化出了很强的潜水能力，而冰沙丁鱼进化出了尽可能躲避海豹的行动模式。

潜水机器——象海豹

海豹界也是人才济济，山外有山。象海豹的潜水能力就远远超过了韦德尔氏海豹，是很厉害的深度潜水员。它目前的最深潜水纪录是 1735 米。这种海豹的下潜深度相当于将阿苏山 ❶ 完全淹没。

简单来说，象海豹实际上分为两种，一种是在美国的西海岸生育幼崽的北象海豹，另外一种是在亚南极的各个岛屿上生育幼崽的南象海豹。虽说分为两种，但它们不管是外观、生态甚至是潜水行为都一模一样，因此，也可以说它们是在北半球和南半球各有一群的同一种动物。一般认为，在大约 80 万年前，从南半球的各个小岛偶尔游到美国西海岸的南象海豹，在当地安居并经过漫长的地理隔离，分化而成北象海豹。

象海豹这种全球规模的大洄游，理所当然地被视为长距离游泳选手。一般说起海豹，往往会给人留下一种悠闲地在陆地上休息的深刻印象。但只要是象海豹，一年当中实际上有 10 个月是像金枪鱼那样在大海里游来游去的。而就像在第三章中讲到的，成功地长时间记录了这种潜水模式的，是将自制的模拟式记录仪加以改良的内藤靖彦。

洄游中的潜水模式是最精彩的部分。象海豹完全像个自动浮沉的机械似的，不分昼夜地连续反复地进行着

---

❶ 阿苏山位于日本熊本县，是一座活火山，海拔 1592 米。

深度 400 米~600 米、时长 20 分钟左右的潜水。在最长可达 7 个月的洄游过程中，潜水行为一次都没有中断过，连续不断地将潜行和上浮的周期反复进行了约 1 万次以上。

海豹不用休息吗？

对这个朴素的问题给予解答的，是在北海道大学研究海豹和鲸生态的三谷曜子女士。2005 年，三谷女士的小组在加利福尼亚给北象海豹安装生物记录仪器，来调查它们的潜水行动。当时使用的是不仅在深度上，而且连动物的姿势和面向的方位都能弄清楚的最新型记录仪。

由此可以看出，象海豹并不是时刻都在水里孜孜不倦地寻找食物。恰恰相反，一部分象海豹刚一开始潜水就停止了足鳍的活动，以肚子朝上的荒唐姿势，依靠重力晃晃悠悠地下沉。当象海豹画着螺旋状的轨迹下沉到 500 米左右的深度时，突然像一下睡醒了似的开始主动地游动并上浮，花了 5 分钟左右到达水面。然后进行几次呼吸后，又开始了同样的"晃晃悠悠潜水"。

是的，海豹是一边下潜一边休息的。卸除全身的力气，以一种放松的姿势在水中慢慢地下沉，心情一定不错吧。

不过虽说是在休息，但不知道海豹是不是闭着眼睛睡着了。为了严格判断海豹是否睡着，就必须测量眼睛的开闭和脑电波的模式，在生物记录中想要做到这一点，好像还需要再花一点时间。

不管怎么样，象海豹可以说是连休息都在潜水的"铁打的潜水员"。

抹香鲸靠脑油潜水？

动物界的潜水冠军是有着下潜深度 1735 米纪录的象海豹——在快要做这个决定的时候，"等一下！"，定睛一看，原来是和海豹同处于高手队伍的鲸们。而站在最前面的，是头部占据了身体的三分之一的抹香鲸。嗯，的确在潜水的话题上是不能无视它们的。

鲸大致分为齿鲸亚目和须鲸亚目。像抹香鲸和虎鲸一样拥有锐利牙齿，捕食鱼和乌贼的是齿鲸亚目；像蓝鲸和座头鲸这样将嘴打开张大，把磷虾和鱼混合着海水一起喝下，再从胡须的间隙把海水排出去的是须鲸亚目。

另外，宽吻海豚和镰鳍海豚等也位列齿鲸亚目。只是为了方便起见，把齿鲸亚目中体形比较小的种类叫作海豚，因此，海豚和鲸

抹香鲸

之间并没有本质上的生物学差异。

表现出优秀潜水能力的不是须鲸而是齿鲸。与外表正相反，巨大的蓝鲸严重缺乏潜水能力，这其中蕴藏着很有趣的生物物理学现象，稍后再做介绍。而即使在现在已经确认的 70 种以上的齿鲸亚目中，出类拔萃的深度潜水员也不是别人，正是抹香鲸。

在确立生物记录的手法之前，就有多次报告抹香鲸因被水深 1000 米以上的海底电缆缠住而溺亡的案例。这种鲸超乎寻常的潜水能力已经被想象得很朦胧了。近年，当期待已久的生物记录调查开始后，发现这种鲸的确像非常理所当然似的在反复进行着 1000 米级别的潜水，而且是要加个"超"字的深度潜水员。

目前抹香鲸被记录到的最深潜水深度是 2035 米。说到两公里的深度，那就是有着妖怪般咧开嘴巴的风鳗目等奇奇怪怪的深海鱼所生活的黑暗世界。要在这深到离谱的地方屏住呼吸往往返返可不是件一般的事情。这个纪录是目前为止，从肺呼吸的动物那里所记录下来的潜水深度的世界纪录。抹香鲸才是那个唯一抵达了其他肺呼吸动物都无法到达的深度、动物界的潜水冠军。

但是它为什么可以做到呢？使两公里这个夸张的超级潜水成为可能的机制到底是什么呢？

通常说的是，它们利用脑油来控制浮力。这是在图鉴等资料上都有记载的一个著名的假说，所以或许有人知道。

抹香鲸最大的特征，就是拥有占据身体三分之一的巨大头部，和电影里常出现的外星生物很像。在那个宽大的脑袋里堆满了一种叫"脑油"的白浊色、黏糊糊的蜡状物。因为这个脑油的外观，抹香鲸在英语中有"sperm whale"（精液鲸）这种不太优雅的称呼。但是先把这个放一边，而通过使脑油发热或冷却来控制整个身体的比重，从而得以轻松地完成深度潜水，这就是"脑油假说"。

也就是这么回事。抹香鲸在开始潜水的时候，从鼻孔吸入冰冷的海水环绕在脑油周围，使脑油冷却。冷却之后的脑油体积缩小，但重量没有改变，所以比重得以上升。脑油的比重上升的话，由于占比多，所以鲸的整个身体的比重也上升了很多，鲸就可以轻松地潜入水中。上浮的时候，把刚才从鼻孔里吸入的海水吐出，利用自己的体温来加热脑油，于是脑油的体积就会膨胀，但重量没有改变，所以比重就会下降，这样一来鲸的整个身体的比重也会减轻一些。因此，鲸就可以轻松地进行上浮了。

我觉得这是一个出色的假说。同时还巧妙地将脑油这种谜一般的物质和抹香鲸那不可思议的杰出潜水能力都进行了说明。而且最重要的是，这是个听着很明晰的想法。所以被图鉴采用以后，它有那么广的普及程度也就不难理解了。

但是很遗憾，这个有名的假说已经被我的朋友、英国圣安德鲁斯大学的帕特里克·米拉博士严厉地驳斥了。米拉博士通过生物记录对潜水时抹香鲸的身体比重进行了测量，发现比重在潜行和上浮的过程中几乎没有发生变化。也就是说，他证明了鲸并没有主动地控制比重。

用生物记录来测量身体的比重？

是的，这其中有米拉博士别出心裁的创意。比重本来就是用体重除以体积所得的结果，所以如果要测量鲸的比重的话，就必须准确地测量出它的体重和体积。养在水池里的鲤鱼和鲫鱼还好，但要从在海里游动的巨大鲸那里获取这些测量值几乎是不可能的。

于是米拉博士使用生物记录，详细地测量了抹香鲸的下潜深度和游泳速度。然后把这些放在物理层面上，试着通过运用力学法则进行分析来测量出鲸的比重。

因为这是很有趣的部分，所以稍微详细地给大家解释一下吧。抹香鲸在潜水时，上下摆动着尾鳍前进，但有时候会停住，夹紧尾鳍，被动地潜行或者上浮。调查要瞄准的就是这个停住的瞬间。停住尾鳍被动前进的鲸，它的身体可以看作一个完全被重力、浮力、惯性这些力学法则所支配的无生命的物体。所以通过分析这时候鲸的速度变化，就能估算出作用在鲸身体上的浮力大小。而知道浮力的话，就能知道鲸身体的比重了。

的确，物理规律成为"烹饪"生物记录数据的利器。我至今还清楚地记得，第一次读到发表于2004年的这篇论文时，让作为研究生的我大开眼界。于是在自己的贝加尔海豹的研究中，也开始尝试同样的方法。

总之，再次重申一遍结论，抹香鲸的比重在潜行和上浮时都几乎不会有变化。所以它用脑油来控制比重这一著名假说是错误的。

为什么能潜到 2000 米？

于是讨论又回到了起点。为什么抹香鲸能比其他对手潜得更深呢？

最大的原因就是体形大。抹香鲸是齿鲸亚目里最大的物种，体形较大的雄性抹香鲸体重可达 50 吨。即使纵览地球上的所有动物，比抹香鲸还要大的物种，也只有蓝鲸和长须鲸等须鲸亚目的部分种类。

体形大对于潜水有着决定性的意义。这是追溯潜水这一行为非常重要的因素，所以希望大家好好地听一听。

正如之前所讲的，要想潜得深，首先就必须长时间地屏住呼吸。反过来，如果能长时间地屏住呼吸，并且能减轻潜水病的危险，也就意味着能潜得更深。

而在水中能将呼吸抑制多久，取决于氧气的保有量和消耗速度的平衡。氧气的保有量越多，且消耗的速度越慢，动物就能越长时间地抑制呼吸，进而就潜得越深。这跟汽车能跑多久，取决于汽油的保有量和消耗速度的平衡，在本质上是相同的。汽油的保有量越多，且消耗速度越慢，汽车就能跑越长的时间，进而就能开得越远。

话说回来，越大型的动物，氧气的保有量和消耗速度也会随之增大。这就像越大的车能储存的汽油越多，但同时汽油的消耗速度也就越快一样。但是这个上升率因保有量和消耗速度而不同。就像我们后面会说到的，潜水动物储存氧气的部位主要在肺、血液、肌肉这三个地方。调查这三个地方的"储藏库"的大小，得知它们与身体的体积、体重成比例增加，最后得出一个粗略的结论——体内的总氧气保有量也与体重成比例增加。

另一方面，关于氧气的消耗速度（即代谢速度），在机制上众说纷纭，还不太明确，但已知是以与体重的 3/4 次方的近似值成比例增加的。体重大 2 倍的动物，氧气的保有量也大 2 倍，但氧气的消耗速度仅约为 1.7（$2^{3/4}$）倍。体重大 4 倍的动物，氧气的保有量也大 4 倍，但氧气的消耗速度仅约为 2.8（$4^{3/4}$）倍。体形越大，相对于氧气的消耗速度，氧气的保有量增加得更多，因此就能够更长时间地抑制住呼吸。在潜水中，仅凭体形大这一点，就能成为甩开其他对手的巨大优势。

在第二章中，对于"为什么越大的动物游得越快？"这个疑问，我做了类似的说明，大家还记得吗？驱动动物的代谢速度与体重的 3/4 次方成正比；阻碍它的水的阻力与身体的表面积，即体重的 2/3 次方成正比。因此说明体形越大的动物，相对于代谢速度所受到水的阻力就越小，就能游得更快。

潜水时间也好，游泳速度也好，在体形的大小有决定性的重要意义前提下，代谢速度是以 3/4 次方这种模棱两可的数值比例来增加的，这是一个令人感到不可思议的事实。

因此，支撑抹香鲸进行超出 2 公里潜水的是它那巨大的身躯。如果应用达尔文进化论的话也可以像下面这么说：为了更有效率地捕捉在深海中的乌贼等猎物，巨大的体形是绝对有利的，这作为一种淘汰压力起了作用，于是抹香鲸便进化出了巨大的身躯。

但体形越大越有利的话，那第一名的潜水冠军难道不应该是蓝鲸吗？

以为号称拥有100吨体重的这个空前绝后的巨大身躯，蓝鲸一定拥有着惊人的潜水能力，哪想到经过最近的生物记录调查显示，它们的潜水深度最多只有200米，潜水时间大约不超过10分钟。虽然对它们的这个数据很遗憾，但坦白说也挺扫兴的。

究其原因就是，蓝鲸在海里张开巨大的嘴，把鱼和磷虾连同海水一起吞下，再从胡须的间隙里将海水排出的这种特殊的进食方式。蓝鲸每一次吞入口中的水量，按体积来说都相当于一辆面包车。嘴里受到巨大的水的阻力，即便如此还要使身体前进，为此蓝鲸要耗费巨大的能量。拿汽车来打比方的话，像在泥泞之中猛踩油门一样，汽油很快就耗没了。

于是，相对于氧气保有量，氧气消耗速度极快的蓝鲸，与它那吸引人的巨大身躯相反，实际上需要勤勤恳恳地浮上水面呼吸。

蒙着神秘面纱的剑吻鲸军团

抹香鲸高达2035米的超群的潜水纪录，会有被打破的一天吗？我想一定会有那么一天的。这是因为有蒙着神秘面纱的超精英潜水

剑吻鲸

员军团——剑吻鲸科。

剑吻鲸科包含剑吻鲸、贝氏喙鲸等 21 种，特征是长着跟水族馆中常见的宽吻海豚相似的喙部，以及一个圆柱形的魁梧体形。由于是几乎不靠近沿岸的外洋性生态，再加上连续不断地反复进行着长达 40~50 分钟的长时间潜水，所以它们几乎不为人所见。因为手上得到的样品较少，所以分类并不确定，甚至还有足够的余地来发现新物种。实际上剑吻鲸科是所有哺乳动物中最未知的群体之一，这更增加了广袤无垠的大海的神秘感，还给调查带来了一定的难度。

对鲸的生物记录调查非常辛苦。跟海豹和企鹅不同，鲸不会从海里上岸，因此不能在陆地上进行捕获；又因为过于巨大，所以也不能像金枪鱼那样钓上来。所以鲸的研究人员只能在海上开着小船追赶，瞄准为了呼吸而上浮的鲸背部，适时地把记录仪啪地贴上去。

虽然刚才说的是"啪的"，但因为安装记录仪使用的是像厕所里的那种半球形吸盘，所以真的是"啪"的一声。鲸的表皮像橡胶套鞋那样滑溜溜的，吸盘很容易紧紧地贴住。虽然不知道是谁设计的，但我觉得应该得一个创意奖。

将吸盘和记录仪的组合安在一根长竿的前端，从小船上将竿子伸向鲸背，直接啪地贴上。还有一种做法是，从船上用弩将吸盘和记录仪的组合发射出去，远程贴到鲸背上。我研究生院的后辈、长年对抹香鲸进行研究的青木香加里女士（现为圣安德鲁斯大学研究员），就是一名"弩式"做法的弓手。当年还是研究生的时候，她把调查船上备着的像米袋一样的碰垫（缓冲材料）当作假想的鲸，专心地练习射击。我觉得很不可思议，向她打听哪里有卖弩这种东西时，虽然她爽快地回答"在武器店里有卖哟"，但又不是红白机游戏，哪里有什么武器店呢？

"啪地"贴在鲸表皮上的吸盘，并不能维持很长时间。由于受到水的阻力作用，吸附力会逐渐减弱，一般不到一天时间就会剥落下来。剥落的记录仪漂浮在海面上，发出电波。如果能依靠电波找到记录仪并顺利地回收，那就算成功将鲸的生物记录数据拿到手了。

像抹香鲸和虎鲸这样的种类，因为可以大致预测它们每个季节的出没场所，而且它们也会靠近沿岸地区，所以调查的难度并不高。与它们相比，剑吻鲸科的鲸都属于彻头彻尾的外洋性动物，找不到也无法靠近它们。在调查船上睁大眼睛，好不容易刚刚找到，它就突然潜到水里，在那之后的 40~50 分钟里，都没有再在海面上出现。等到终于出现的时候，却发现它在一个没料到的方向上，然后在慌忙调整船的位置时它又突然不见了。这是让耐性再好的鲸研究人员也会越来越烦躁的超 E 级难度。

日本国际水产资源研究所的南川真吾先生抱怨说，他为了对剑吻鲸科其中之一的贝氏喙鲸进行生物记录调查，毅然地进行了为期一个月的航海，但是接近鲸的机会屈指可数，结果只给一头鲸安装上了记录仪。听了他的这些话之后，我发自内心地觉得研究海豹真轻松、真好。

因为总是发生这样的情况，所以有关剑吻鲸科的生物记录数据到现在所报告的还是屈指可数的几个。但是从所报告的为数不多的数据来看，其震撼力相当惊人。无论是剑吻鲸，还是贝氏喙鲸、瘤齿喙鲸，它们都像理所当然似的可以完成深度为 1000 米、时长为 1 小时的超级潜水。我所研究的南极阿德利企鹅，最多完成 80 米、3 分钟时间的潜水，所以虽说都叫作潜水动物，但它们的能力却相当悬殊。而且，正如在介绍抹香鲸的内容中所说明的那样，这种悬殊大部分起因于身体大小的差异。

剑吻鲸科最引人注目的是其独特的潜水模式。剑吻鲸科进行完一次 1000 米级别的深层潜水之后，都要反复进行 4~5 次的浅层短时间潜水。虽说是浅层的、短时间的，但也达到了 300 米、15 分钟，这就是剑吻鲸科的厉害之处。先姑且不论这些，至少这样的模式在其他的鲸和海豹等动物中都不存在。

据对这种不可思议的连续潜水进行详细分析的彼得·泰亚克博士（圣安德鲁斯大学）说，剑吻鲸科只有在开始进行深层的长时间潜水之时，才会认真地寻找猎物。1000 米、1 小时的超级潜水即使对它们来说也不是轻松的运动，这几乎会耗尽它们体内储存的所有氧气。因此我认为，就像正好疲劳困顿的运动员用步行等轻度的运动来缓解疲劳一样，剑吻鲸科也正是反复通过浅层的、短时间的潜水来治愈疲劳。

总之，我们现在只知道剑吻鲸科那高超能力的一鳞半爪。今后如果要对这个超精英潜水员集团展开生物记录调查的话，那打破抹香鲸 2035 米纪录的那一天就会到来了吧，那些像挑战动物身体能力极限般的潜水之谜也会一个一个被解开了吧。我对此十分期待。所以诸位鲸研究人员，请不要畏惧安装记录仪的焦躁，加油！

海龟打破成规的 10 小时潜水

在我们介绍了拥有压倒性潜水能力的海豹和鲸之后，最后登场的是爬行动物中的海龟。

日本近海也能见到海龟，虽然潜水深度远不及海豹和鲸，但潜水时间上却有着 10 小时这个占绝对优势的纪录。10 小时！连抹香鲸的最长潜水时间也才 83 分钟。

这里面是有玄机的。海龟（爬行动物）和海豹、鲸（哺乳动物）比赛潜水时间的话，那海龟完全就像唯独一人骑着摩托车在自行车比赛中出场一样，处于绝对有利的形势。

海龟是不能主动控制体温的变温动物。环境的温度上升，它的体温也跟着上升；环境的温度下降，它的体温也随之下降。而另一边，作为恒温动物的海豹和鲸，通过在名为"代谢"的炉灶里添柴火、不停地持续燃烧，将体温一直维持在38℃左右。

变温动物仅没有"炉灶"的这个部分就比恒温动物节省能量。日常生活中要消耗的能量，还有消耗氧气的量以及摄入食物的量，在以相同大小的体形进行比较时，这些在变温动物中都要小一个数量级。和院子里那些叽叽喳喳、团团转得令人眼花的麻雀相比，在护城河的石墙下晒壳的密西西比红耳龟（也就是所谓的翠龟）显得非常悠闲，这就是恒温动物和变温动物根本性的差别。

正如之前所说，动物的潜水时间是由氧气的保有量和消耗速度的平衡来决定的。氧气的保有量越多，氧气的消耗速度越慢，越能长时间地抑制呼吸。

将海龟和跟它差不多体重的海豹进行比较，肺、血液、肌肉这些"氧气瓶"的大小并没有显著的差别，但在使用它们时的消耗速度上，海龟是绝对慢的，所以就能游得更久。这就是所谓的绝对有利的形势。

如果进一步区分品种的话，蠵龟10小时的潜水时间，是在食物稀少的冬季里被记录下来的。这个时期，海龟大多是待在冰冷的海底一动不动，因此氧气的消耗速度就会变得更慢。这种在水中屏住呼吸、像石头似的停住不动的状态，是否可以称之为潜水，虽然存在定义上的问题，但不论如何，海龟通过对氧气彻底地节约，创造了打破成规的纪录。

决定潜水能力的三个要点

在概述了各种动物的潜水能力之后，我想差不多该转移到根本性的疑问上来了：海豹、鲸和海龟等动物，为什么能进行那么深、那么长时间的潜水呢？它们和人类到底有什么不同呢？

在介绍抹香鲸的内容中我们讲过，体形的大小是最重要的因素。看看鲸之外的动物，企鹅中的潜水冠军是体形最大的帝企鹅，海豹中的潜水冠军是体形最大的象海豹。

不仅如此，和人类差不多重（70千克）的海豹，其潜水的深度和时长，是连雅克·马约尔[1]都要逃走的程度，令人望尘莫及。所以潜水的动物们即使排除身体大小所带来的影响，应该也拥有与人类不同的东西。那这个东西到底是什么呢？

潜水是一个将储存在肺、血液、肌肉这些"氧气瓶"里的氧气一点一点地消耗掉的过程。如果想让这个过程长久持续的话，原则上能做的只有三点：

1. 把"氧气瓶"放大。
2. 降低氧气的消耗速度。
3. 把"氧气瓶"消耗彻底。

而潜水动物将这三种方法全都切实地实践了。要管理生命活动之源——氧气的消耗，不可能有简单的

---

[1] 雅克·马约尔（1927—2001），法国深潜潜水员，曾是多项世界纪录创造者。

方法。潜水动物全面调动可以调动的机制，经过漫长的时间，一点一点地进化出潜水能力。

第一点，把"氧气瓶"放大。这是最简单且有效的可以延长潜水时间的方法。

用经常被拿来研究的海豹为例，它拥有肺、血液、肌肉这三种"氧气瓶"，但意外的是，其中肺的贡献是最小的。海豹的肺和差不多体重的陆地哺乳动物（比如熊和野猪等）相比，也没有显著的大小差别，可见不能吸入特别多的空气。

而更加令人意外的是，海豹在潜水前会呼一口气，不可思议地自动减少肺这个宝贵的"氧气瓶"里的内容。当然，既然要这么做，就有这样做的理由。海豹呼出一口气再开始下潜，被认为是为了防止潜水病这种致死疾病。

潜水病到底是什么？

假设海豹往肺里吸了满满的空气后再开始潜水，肺里的空气中所含的氧气，一点点地被纵横包围在肺周围的毛细血管吸收，成为在体内环绕的生命活动之源。只从这点来看，吸入空气再潜水对海豹来说显然是有益的。

但问题是，在氧气被毛细血管吸收的同时，在空气中占四分之三比例的氮气也被摄入到血液里了。氮气和氧气不同，因为不会被消耗掉，所以一旦摄入就会一直留存在血液之中。而且在潜水时，血管承受着很高的水压，因此会有源源不断的氮气被注入血液之中。压力越高就会有越多的气体溶解在液体中，这是经典的亨利定律。

如果在这种状态下海豹突然上浮，充分融入血液中的氮气就会一下子从水压中解放出来，那就会像瓶装苏打水的瓶盖被打开时那样，咝咝地起泡。气泡堵塞住体内所有部位的毛细血管，阻碍了支配生命活动的血液流动，最坏的情况下会导致动物死亡。这就是潜水病。

为了避免出现这种情况，海豹在潜水之前将空气呼出，从而使在体内充当大"氧气瓶"的是血液和肌肉，而不是肺。

首先是血液。就如同在高中生物学里学过的，血液所含的红细胞中，有一种叫作"血红素"的以铁为核心的物质，它通过和氧气结合，将氧气运送到身体里。在这里重要提示一点，血红素不仅是氧气的运送装置，它还有作为氧气仓库的功能。

就人类而言，体重的约8%是血液。如果是一个60千克的人，那计算下来大约有4.5升血液在体内流动。而另一边，就海豹而言，体重为350千克的韦德尔氏海豹的体内约有50升血液，按重量换算的话约占体重的15%。

除此之外，海豹拥有红细胞的量也比较多。血液中含有的红细胞容积比叫作"血细胞比容"，对人来说40%左右为正常值，而海豹可达60%。

简单来说就是，因为海豹拥有大量的高浓度血液，所以能够在其中储存大量的氧气。

其次是肌肉。肌肉也和血液一样，作为体内的"氧气瓶"发挥着巨大的作用。海豹自然就不用说了，企鹅、鲸、海龟，潜游在海里的动物无一例外，躯干的肌肉都是红黑色的，其中含有肌红蛋白。肌红蛋白中的血红素非常容易与氧气结合，发挥贮氧作用。

因此，海豹、鲸、企鹅，它们的血液和肌肉这两类"氧气瓶"要比人类的大得多，所以能够比人类更长时间地抑制住呼吸。并且仅就企鹅来说，肺也有大氧气瓶的作用。但它们是如何避免潜水病的，这一点尚不十分清楚。

把氧气一点不剩地用完吧

关于决定潜水能力的第二点：降低氧气的消耗速度。这种方法跟动物丰富多彩的形态、生理、行动的适应性有关，这些内容稍微复杂。所以我们先来解释一下第三点：把"氧气瓶"消耗彻底。

海豹和企鹅在潜水期间，体内的氧气一点一点地消耗、减少。这是一种理所当然的情况。但令人吃惊的是，在最后阶段，海豹和企鹅体内的氧气含量会下降到一种以人类来说会失去意识、极低的水平，尽管如此，它们也还能活蹦乱跳地继续游动。

发现这一事实的，是美国斯克里普斯海洋研究所的保罗·庞加尼斯博士。目前在揭示动物潜水的不可思议之处的潜水生理学领域，他是绝对的领军人物。如第三章中所述，斯克里普斯海洋研究所里从"巨人"肖兰达到"先驱者"库伊曼，一直有着研究潜水生理学的传统，而庞加尼斯是这个流派名副其实的继承人。

说句题外话，在和美国研究人员的交谈中，令我感到羡慕的是，只要提到他们恩师的名字，就一定会听到一个让人大吃一惊的"传说中的人物"。他们直接认识那些让日本研究人员大受感动、不厌其烦地反复阅读的论文的作者，不仅如此，他们还能获取这些人给的实验建议，或者学习对待重要研究的态度，等等。我认为美国高级学术水平的根基在于，师傅对徒弟、徒弟对徒孙传授学问的准确度以及学术流派的传承。

我个人也认识庞加尼斯，他是一位能给动物做其他人都做不到的精密手术的工匠式生理学家。他可以将海豹和企鹅麻醉，在细微的血管或肌肉的精准位置上插入传感器。当然，如果实验结束了，他会将传感器彻底取出并将动物放回野外。他通过这项精湛的技艺，在世界上首次成功地用生物记录测量出了动物在潜水时的氧气保有量的变化。并且发现海豹和企鹅在潜水的最后阶段，忍受着人类无法忍受的低水平含氧量。

另外，庞加尼斯还是一位与众不同的工作狂人。在他和他的学生们暂时合住的房子里，我也曾有缘住过一个星期。在我和学生们都喊着"好累啊"躺到床上的时候，庞加尼斯还一个人静静地对着桌子；在我们说着"睡得很好"爬起来的时候，庞加尼斯已经坐在桌子前了。他还很细心地为我和学生们泡好了咖啡，说佩服也好，说抱歉也好，我觉得这个人就算是倒立着行走，也比别人正常行走要快得多。

综上所述，潜水动物对低氧气的耐受性非常高，所以能将体内的"氧气瓶"彻底地消耗完。但遗憾的是，对于使之成为可能的生理学机制，目前几乎还不清楚。

增加油耗是很麻烦的

终于到了最后，让我们来说明一下前面第二点的内容：降低氧气的消耗速度。

降低氧气的消耗速度需要极其复杂的适应过程，但将其分成形态上的、生理上的、行动上的这三种进行梳理，就能够看到本质了。

首先，我们来思考一下关于形态上的适应。企鹅、海豹和鲸等，它们有着能减少水的阻力的流线型体形，还有为高效划水而生的脚蹼和鳍等适合在海中游动的形态。这些为游泳而生的形态特征，不仅抑制了潜水时的氧气消耗速度，而且对延长潜水时间也有所贡献。

其次，就生理上的适应来看，最重要的是"生理学巨人"肖兰达所发现的潜水心动过缓。潜水动物一旦开始潜水，心跳数就会下降，循环于体内的血液流动的模式就会产生变化，仅维持住大脑等生理机能核心部位的血流，以及封闭手脚末端等部位的血流。如此就能抑制体内总体的氧气消耗速度，延长潜水时间。

另外，我们都知道，企鹅和海鸠等海鸟在潜水的过程中体温会下降一些。体温下降的话，名为"代谢"的化学反应的速度就会下降，体内的氧气消耗速度就会受到控制。

那么，行动上的适应是什么呢？它不是根据动物的身体构造，而是根据动物的动作，氧气的消耗速度也会有很大的变动。正如同汽车油耗的多少，不是只由发动机和车体的性能来决定的，司机的驾驶方式（有没有突然启动、行驶速度的选择等）也会产生很大的差异。

通过近年来的生物记录调查我们获知，企鹅、海豹和鲸为了降低氧气的消耗速度，进行了各种行动上的适应。

第一点是最佳速度的选择。就像在第二章中详细说过的那样，我曾经将各种潜水动物平时游泳的速度数据进行了比较研究。结果显示，它们就像一艘巨大油船的船长，或是天上飞的大型喷气式客机的飞行员一样，会有意识地选择既不过快也不过慢的最佳速度（最省油的速度）。

第二点，潜水动物巧妙地利用浮力这个只在水中起效的独特物理现象进行游动。在水中的物体，会受到与被它排开的水的重量相等的浮力，这就是阿基米德原理。潜水动物将此原理展现得淋漓尽致，仿佛在说"我们当然知道这个原理啦"一样。而这是我自己以贝加尔海豹为研究对象时发现的。

因此，在本章的后半部分，稍微来讲一讲贝加尔海豹的故事。在此之前，我们先来总结一下对动物潜水能力的了解情况。

潜水动物的法则

动物界的潜水冠军，是目前为止所记录的潜水超过 2000 米的抹香鲸。但是象海豹也有与之相近深度的潜水纪录。将来有可能改写这些纪录的，是至今仍有很多谜团的剑吻鲸科。

要说它们为什么潜得那么深，那是与作为猎物的生物长期斗智斗勇的结果。一方面，对于作为猎物的鱼和乌贼来说，有阳光照射、大量浮游生物的浅层区域是很有吸引力的，但是它们并不想进入海豹和鲸的捕捉深度中。而另一方面，海豹和鲸潜得很深，超越了鱼和乌贼的深度，是想要捉住它们。像这样斗智斗勇的结果，是在一部分海豹和鲸的身上进化出了杰出的潜水能力。

那么，说起为什么它们能够进行深层潜水，是因为无论是象海豹、抹香鲸，还是剑吻鲸科，它们的体形都很大。一般来讲，体内的氧气持有量是跟体重成比例增加的，但氧气的消耗速度却不会与体重成比例增长。所以体形越大的动物，相对于氧气的消耗速度，氧气的持有量会越大，就能够更长时间地抑制住呼吸。

就抹香鲸而言，有一个通过主动调整脑油的比重来轻松完成潜水活动的著名假说。但遗憾的是，这个假说通过近年的生物记录调查得到了反证。

暂且先撇开深度不谈，根据海龟的调查报告显示，它们的潜水时间长达 10 小时，这个纪录几乎会令人怀疑，是不是自己听错了。

能够进行这么长时间的潜水，是因为海龟是变温动物，氧气的消耗速度比恒温动物小一个数量级。

即使排除体形大小的影响，海豹、企鹅、鲸、海龟等潜水动物也都拥有极其优越的潜水能力。

1. 体内的"氧气瓶"很大。

2. 氧气的消耗速度很慢。

3. 能把体内的"氧气瓶"彻底用完。

这是将三个功效结合在一起形成的综合结果。

那么接下来，终于轮到贝加尔海豹登场了。

圆滚滚、胖乎乎的贝加尔海豹

贝加尔海豹——光是听到这个名字，或者只看字面，那奇妙的、肥胖的身体和野外调查时的种种，就都在我的脑海中复苏了，不知不觉间嘴角就扬了起来。

在东京大学读研究生的 2003 ～ 2007 年，我对栖息在俄罗斯贝加尔湖的贝加尔海豹的潜水行为进行了研究。当时每年的夏天或秋天，又或者这两个季节连着，我都会带着生物记录仪器去贝加尔湖。人生第一次野外调查就是在作为世界遗产的贝加尔湖，这是件多么奢侈的事情，但是慷慨的指导老师宫崎信之给了我这样的机会。

贝加尔海豹那胖乎乎的样子非常滑稽。的确，海豹这种动物一般来说都是圆滚滚的，但即便如此，贝加尔海豹的胖也超出了常规。还没见过它的人，请一定要去日本国内的八处水族馆，看看在那里饲养的贝加尔海豹。就像是圆球上长了手和脚一样，这种打破常识的形态一定会令人大吃一惊。我第一次测量野生贝加尔海豹的体形时，发现它的腰围比体长还要长，我不由得笑了。即便是在全世界的哺乳动物里，会发生这种逆转现象的也只有贝加尔海豹了吧。

它们为什么会胖成这样呢？随着研究的推进，答案一点点地得以揭晓。关键词是浮力和脂肪。而且贝加尔海豹是生活在淡水中的、极为罕见的海豹。

贝加尔海豹的生物记录调查难度为 D 级，也就是说虽然不如超 E 级难度的剑吻鲸科，但也是相当困难的。因为它们的警戒心很强，一旦安上记录仪再放生，它们就会匆匆忙忙地游走，不会再让人看到。想跟南极的海豹和企鹅一样，对它们进行再次捕获来回收仪器的可能性几乎为零。

于是我在经历了如第三章所述的闹剧之后，终于开发出了用计时器将记录仪从动物身体上分离下来，依靠电波信号回收的系统。虽然这听起来有点自夸，但从无法再次捕获的动物身上也能获取生物记录的数据，一个划时代的系统就此得以确立。

但这并不意味着我们已经具备了可以源源不断地收集数据的条

件，接下来的问题是，很难找到用于实验的贝加尔海豹。

2005 年的秋天，为了找到活的海豹，我和搭档巴拉诺夫先生一起去了正在进行海豹捕捞作业的贝加尔湖东岸的奇维尔奎湾。为了获取贝加尔海豹的皮毛，在俄罗斯政府的许可下，每年都有数千头海豹被捕获，因此我们计划在其中买下几头。但是当地实行的是在水中设置刺网来捕捉海豹的粗暴方式，捞上来的海豹几乎都已经溺死了。我们在当地滞留了三周，只得到一头在溺死前被打捞上来的幸运海豹。

在这种情况下，我们所收集到的贝加尔海豹的潜水行动数据为 2004 年的两头、2005 年的一头。这简直就像在收集腔棘鱼或是什么稀有样品一样，作为动物的生态调查来说是异常缓慢的。

游泳方式不同的三头海豹

话虽如此，但数据的价值并不是由数量来决定的。因为揭示了在此之前谁都不了解的贝加尔海豹的潜水行动，所以即便只有三头的数据，也具备极高的价值。

看到数据，首先令人感到惊讶的是贝加尔海豹的潜水能力之高，记录到的潜水深度最大值是 324 米。正如本章中反复强调的那样，体形越大的动物潜水越有优势，但贝加尔海豹属于小型级别的海豹,即使是成兽的体重也只有40千克~60千克。连背负着身型小这个不利条件都能潜水超过300米的贝加尔海豹,即便在所有的海豹和鲸当中,也可以称得上顶级的潜水员了。

此外,根据巴拉诺夫先生过去的研究,贝加尔海豹的肌肉当中所含的肌红蛋白的浓度与其他海豹相比也处于较高水平。也就是说,这种海豹罕见的潜水能力也能在生理学的层面上得到解释。

另外,还有一点我觉得很有趣,就是贝加尔海豹在潜水时的足鳍摆动方式。从与深度一同被记录下来的加速度数据中,可以读取到伴随着游泳运动,海豹身体左右晃动的信息。

由此可以看出,海豹在潜水时,并不是一直摆动足鳍主动进行游动,而是会经常突然停止足鳍的活动,在重力和浮力的作用下被动地前进。然而像这样的游泳模式,在迄今为止所收集到的仅有的三头贝加尔海豹(分别给它们起名为戴蒙、祖鲁卡、玛莎)身上各不相同。

戴蒙可以说是"完全下沉型"。潜水刚一开始,它就停止足鳍的活动,在重力的作用下嗖地沉了下去。在上浮的时候反而啪嗒啪嗒地使劲摆动足鳍,主动游了起来。

祖鲁卡是"半下沉型"。它在潜水一开始时会短暂地摆动足鳍主动游动,但到了50米深度时,就会停止鱼鳍的活动,嗖一下进入自动驾驶般的状态。之所以会产生这样的状态,是因为深度越深,肺里的空气越会因水压而压缩,身体就变得容易下沉。前面我们说过,海豹是在吐出空气后开始潜水的,但并不是完全排空,多少还残留着一些空气在肺里。而这些残气量会在水中产生强大的浮力。

玛莎属于"中性浮力型"。这头海豹在潜水和上浮时都没有使用"自动驾驶"模式，总是有节奏地摆动着足鳍游动。

为什么明明同为贝加尔海豹，在游泳方式上却有如此大的个体差异呢？例如，即使记录下了行走于陆地之上的鹿和野猪的行动，也不会认为三头同样的动物之间行走方式会不一样。在我看来，这是一个非常有趣的问题，它关系到水中特有的现象——浮力。

造成浮沉的原因是肥胖程度？

贝加尔湖的渔夫一把渔网中溺死的海豹捞出来放到岸边，就会立刻投入去皮的解剖程序中。他们将打磨锋利的小刀插入海豹的皮下脂肪和肌肉间的交界处，就像脱掉一件厚厚的大衣一样，将皮下脂肪巧妙地撕下来。在厚达6厘米~7厘米的皮下脂肪被完全剥下之后，剩下的就是海豹的纤瘦本体了。

接下来，渔夫会把皮下脂肪和肉分别绑在绳子上，浸泡在贝加尔湖的水里去除血渍。之后，只要从皮下脂肪中去除脂肪的部分，就能得到想要的毛皮，而去掉血渍后的海豹肉主要作为家养狗的（偶尔也会作为人的）食物。

我那天无意中走过湖畔，看到泡在水里的皮下脂肪和肉，恍然大悟。皮下脂肪浮动在湖面上荡起了哗啦哗啦的水声，但肉却在绳子的一端静静地坠着。造成海豹游泳方式出现个体差异的原因不就是这个吗？

脂肪上浮，肌肉下沉。这么说来，"完全下沉型"的戴蒙应该是脂肪少的瘦海豹吧？"中性浮力型"的玛莎恐怕是充分囤积了皮下脂肪的肥胖体。而"半下沉型"的祖鲁卡的胖瘦程度应该介于这两者之间吧？通俗地讲，海豹们应该会选择跟自身的肥胖程度相匹配的游泳方式，以很好地抑制氧气的消耗速度吧？

"一定是这样的！"我多少有些兴奋地想着。但是要怎样做才能验证这个假设呢？

大概最直截了当的做法，就是收集大量贝加尔海豹的肥胖程度和游泳方式的相关数据，调查其中的关系。如果呈现出越瘦的海豹越是"完全下沉型"，越胖的海豹越是"中性浮力型"的倾向，那就能成功地证明这个假设。

但那样的话太消耗时间了。无论怎么努力，贝加尔海豹的数据也只会以一年一两头的超慢速增加。要收集到足以证明关系的数据组，可能奥运会都开了两三次了吧。

因此，必须打出曲线球了——一个既好好地利用一头海豹，又能阐明肥胖程度和游泳方式相关的卓越曲线球。

我决定给海豹安装砝码。

给海豹安装砝码

我的想法是这样的：首先给一头贝加尔海豹安上生物记录仪器及铅质砝码后，将它放流。砝码使海豹的身体比重暂时增加，所以可以看作假设的消瘦状态。然后在中途将砝码快速分离。这样一来，失去砝码重量的海豹就恢复到了原来肥胖的状态。最后将记录仪分离回收的话，就能得到瘦海豹和胖海豹的两种数据了。

这个想法的关键点在于，用同一头海豹来实现胖瘦两种模式，可以使实验对象的年龄、性别、性格，甚至肌肉中的肌红蛋白含量完全相同。所以这与以往获取相关关系数据的做法不同，可以严密地调查胖瘦程度的影响。

把这个想法跟巴拉诺夫先生说了之后，他竖起了大拇指说"好主意"，二话不说就上了车。"马上就做吧！"

巴拉诺夫先生的研究室孤零零地建在贝加尔湖畔，那里密密麻麻地排列着大量的工作器械和材料。跟其他研究室比起来，这里更像作业场。他快速从研究室里拿出一个破烂不堪的铅质物体，用煤气喷灯烤熔后给我做了个特制的砝码。

不久前，我们在贝加尔湖中捕获了一头公贝加尔海豹，并将它养在研究室。我们在它的背上牢牢地安装了砝码和记录仪。我们决定使用两个特制的分离计时器，在将海豹放流一天后先将砝码分离，连续放流三天后再将记录仪分离。我们计划在最初的一天可以得到

"瘦"海豹的数据，剩下的两天里可以记录到"胖"海豹的数据。

在巴拉诺夫先生的提案下，我们给这头海豹取名为"马基塔"。这是俄罗斯很有名的日本电动工具企业"牧田"（Makita）的英语发音。这个命名跟喜欢机械作业的巴拉诺夫先生的风格很像，我也很快就喜欢上了。

接着，我和巴拉诺夫先生把马基塔放入木箱装上车，运到离研究室不远的贝加尔湖边，打开盖子将马基塔放到湖里。它一溜烟地冲了进去，转眼间就不见了踪影。三天后我们等待的会是怎样的结果呢？我怀揣着混合了一成期待和九成不安的心情，目送它离去。

三天后，在距离记录仪的分离预定时间30分钟之前，我们就在视野开阔的山腰上架设好了接收电波的天线，等着电波信号进来。那一天我紧张得几乎食不下咽，心也怦怦地直跳。我祈祷着分离装置可以正常运作，能按照预定计划接收到电波信号。

预定时间正点，什么都没接收到。我的脊背一阵发冷。距离预定时间过去10分钟、20分钟……即便如此，从信号接收机里也只能听到沙啦沙啦的噪声。我握着天线的手里都是黏黏的汗水，也中断了和巴拉诺夫先生的闲谈。感觉像是做噩梦一样地等了一个多小时，渐渐地连噪声都接收不到了。

虽然不知道发生了什么，但马基塔有可能游去了电波传送不到的地方。让海豹自由地游动三天，这对于我们来说也是第一次，因此无法预料到它会往前游多少公里。

即使眼前一片漆黑，也不要放弃一点希望，我们马上开始了寻找电波信号之旅。

接收信号是海拔越高越好。于是我让巴拉诺夫先生的三菱得利卡沿着贝加尔湖边跑，一旦发现可以爬的山，就拿着信号接收机和天线爬到山顶。在山顶尝试接收电波信号，不行的话就下山去下一处。这样的操作不断重复着。我想佛祖也没有察觉到，我们汗流浃背地不断上山和下山竟然是在调查海豹。

就这样，我们寻找电波的工作持续了两周时间，但所听到的依旧是信号接收机沙啦沙啦的噪声。最后在一点线索都没有得到的情况下，我不得不和巴拉诺夫先生说了再见，在深深的失望中回国。

就这样，我自认为推敲出一个绝妙的主意、做好了周密的准备、打算慎重地着手实行的实验，以"零数据"这个令人痛心的结果告终。

奇迹的数据

在回日本差不多三周后的某一天，巴拉诺夫先生发来一封邮件，说找到了我们给马基塔安装的记录仪，是划着小船游玩的观光客偶然间发现了浮在湖面上的记录仪，就邮寄给他了。

等一下！我从研究室的椅子上嘎一下站了起来。贝加尔湖不是日本井之头公园里的水池，它是一个面积相当于九州岛的巨大湖泊，周围的原始森林茂密连绵，只是断断续续地散布着一些连电都没有通的村落。而这样的地方居然发生了"划着小船游玩"的"观光客""偶然间发现了记录仪"这样的事，那还了得！但是正因为真的发生了，所以只能称之为奇迹。的确，我们当时在记录仪上用俄语写下了"将赠送给捡到并帮忙寄过来的人5000卢布（当时约1000元人民币）"的留言，并附上了巴拉诺夫先生的联系方式。但这也可以说是像某种补救，我们并不期待能起到实质性的作用。

巴拉诺夫先生马上将记录仪寄来了日本。用裁纸刀将纸箱打开，再次见到闪着黑亮光泽的记录仪时的兴奋；把记录仪连接到电脑上，怀着祈祷般的心情下载数据时的紧张；用眼睛看到并确认数据，确信这是一份完美的行动记录时的感激——那一天的激动心情至今还能真真切切地感受到。

我们准确地拿到了所预定的3天分量的数据。马基塔好像连续潜水3天，最深深度为300米左右。而最令我在意的，就是砝码分离的效果。砝码应该是在距放流刚好一天后分离的，根据我的假设，以此为分界线，海豹的游泳方式应该会发生急剧的变化。我像个在考试合格发表会场查找自己考号的考生一样，一边心脏怦怦地跳着，一边将数据放大来查找成绩。

变化是戏剧性的，一看很快就知道了。正好在砝码分离的预定时间，海豹的游泳方式突然发生了变化。一方面，砝码分离之前的"瘦"马基塔，是和戴蒙一样的"完全下沉型"，潜水刚一开始就停止了足鳍的摆动，之后任凭重力让身体嗖地沉了下去，上浮时反而啪嗒啪嗒地使劲拍打着足鳍，主动游了起来。另一方面，砝码分离后的"胖"马基塔，是和祖鲁卡一样的"半下沉型"，从潜水开始到50米左右的深度为止是主动游动，在那之后就利用重力开始了自动驾驶状态。

完全符合预想的结果，我的心跳得更加厉害了。把以前在三头海豹身上所出现的游泳方式的差别，通过安装、分离砝码的人工操作得以再现。这个结果换而言之，就是海豹会根据自身的肥胖程度使用不同的游泳方式，以此来降低氧气的消耗速度，从而延长潜水时间。

把行动记录仪变成体脂记录仪

关于数据的解析方法，我偶尔会想出一个绝妙的点子。虽然这就像在冲绳❶的街道上下霜一样罕见，但在我的研究生涯中确实发生过几次。奇怪的是，这种时候我基本上什么都没想，只不过是在淋浴或骑自行车的时候，感觉砰的一下灵感就突然降临了。

那个时候也是如此。我正走在东京都中野区的东京大学海洋研究所附近那条平淡无奇的路上，突然想道："啊，这或许可行。"

如果海豹是根据肥胖程度改变游

❶ 日本冲绳县所处纬度与中国福建省北部相近。

泳方式的话，那我们是否能反过来从游泳方式来推定它的肥胖程度呢？

肥胖程度是表现野生动物健康状态的一项基本指标。野生动物基本上都过着吃了上顿没下顿的生活，如果一个动物胖墩墩的，那它一定是一个生存能力很强、未来一片光明的动物。相反，瘦巴巴的个体就是很遗憾地朝着死亡又上升了一个阶段的状态。

生态学的目的用一句话概括就是，了解动物的生死。生物是如何适应环境，将生命延续给下一代的？什么时候生物无法很好地适应环境，再生产率会低于死亡率、个体数量会减少呢？

所以，如果能开发出对海豹的肥胖程度进行远程监控的方法，那就不仅解释清楚了海豹对于环境的适应性，而且朝着生态学的大目标迈进了一步。

我脑海里浮现的是马基塔在停止摆动足鳍、利用重力下沉时的速度变化。速度在短时间内会像新兴企业的股价一样疾速上升，但不久就会达到极限，并稳定在一定的速度上。而这个"末端速度"，背着砝码的"瘦"马基塔相当快，砝码分离后的"胖"马基塔相当慢。

我想，这就是物理。停止摆动足鳍下沉时的海豹，可以说是非生物的运动体。最初的速度上升，是因为向下作用的重力超过了向上作用的浮力和水的阻力，使得海豹的身体不断地向下加速。速度最后稳定下来，是因为速度越快，水的阻力就越大，总有一刻会达到力的平衡。更进一步说，背着砝码的马基塔的末端速度很快，是因为砝码的这部分重力会使力的平衡速度加快。

这样的话，海豹的下沉就能以物理学中简单的自由落体来解答。根据末端速度可以计算出海豹的身体比重。因为海豹的身体比重基本上是根据肥胖程度来决定的（脂肪的比重小，肌肉和骨骼的比重大），进而就可以估算出海豹的肥胖程度。也就是说，行动记录仪魔法般地变身为体脂记录仪。

米拉博士推测了潜水中抹香鲸的比重，反证了利用脑油来调整浮力的假设。是的，我的这个想法是他的扩展版。我的这个主意更好的一点是，可以进行比重推定值的"对答"。一般情况下，即使是根据以往单一数据对海豹的比重进行推测，事后也无法确定这到底是对的还是错的。但仅限于这次的数据，在背着砝码的马基塔和砝码分离后的马基塔之间，是可以推测出两者的比重的。如果两者之间的差，等于安装的砝码重量换算出的比重值，那么就可以证明这个方法的正确性。

我觉得生态学太难以捉摸了，没有什么可以称之为定律的定律，即使乍一看好像正确的定律，也会因为环境、生物种类、季节的不同等条件，而像猫的眼睛一样发生变化。与之相比，物理学的定律就是宇宙的定律，对象不论是"艾普斯龙"火箭，还是木星的卫星"欧罗巴"，抑或是贝加尔海豹"马基塔"，都同样适用。

所以生物记录的行动数据，通过放到物理这个"案板"上进行"料理"，隐藏着脱胎换骨成全新事物的可能性。而教给我这个道理的，是米拉博士关于抹香鲸的论文。

花了一个月左右计算得出的结果，马基塔的比重是 1.018，而且通过"对答"可以证明这个方法的正确性。1.018 这个比重转换成体脂率的话，是 45%。实际上马基塔的体重里大约有一半是脂肪。

异常肥胖？哪里，这对贝加尔海豹来说是个普通的数字。

为什么贝加尔海豹胖胖的？

在本章的最后，让我们来思考一下贝加尔海豹为什么会这么胖吧。

对于海豹和鲸来说，体脂肪的作用是什么呢？

第一，是用来储存能量的仓库。第二，是为了在极寒的环境中生存下去的防寒服。我们很早以前就知道，这两种功能是毋庸置疑的。

在我的生物记录调查中所阐明的是体脂肪的第三种功能，也就是作为救生圈使身体漂浮起来的功能。

对瘦瘦的海豹来说，一次潜水就像骑自行车下坡、上坡的运动。在前半段下坡时，可以不踩踏板依靠重力前进，但在后半段上坡时，则需要付出很大的努力。随着体脂肪的增加，海豹的身体逐渐接近中性浮力，这个坡道的倾斜角度也就越来越缓和。前半段下坡时依旧轻松，但后半段上坡时的辛苦却得到了大大的缓解。结果，包含下坡和上坡的总运动强度，也就是一次潜水的总运动强度，随着接近中性浮力而减少。

对于拥有更多脂肪的中性浮力的海豹来说，一次潜水早就不再是坡道，而是像在平坦的道路上行进一样。对于海豹来说，这是最理想的状态了吧。

但是，作为救生圈的体脂肪的有效性，会根据海水和淡水而大有不同。海水的比重要比淡水大3%，具有更容易使物体漂浮的性质。举个极端的例子，在盐分含量高达30%的以色列死海，连人都能漂浮在海面上看报纸。而且或许大家已经注意到了，贝加尔海豹是世界上唯一的、只在淡水中生存的海豹。因为在淡水中比在海水中身体更容易下沉，因此，为了浮起来就需要更多的脂肪。根据我的计算，要达到同样的浮力，在淡水中必须比在海水中多出三成以上的脂肪。另外，作为能量仓库和防寒服的功能，在淡水和海水中没有差别。

来说下结论吧。对于圆球般的贝加尔海豹来说，它的身体是为了在淡水这种特殊的环境里可以达到中性浮力，而长年适应的结果。

第五章

飞 行

信天翁讲述飞翔
的真相

在离岛上的飞行百景

第一次看见信天翁这种鸟，是在驶向印度洋上的远海孤岛——凯尔盖朗岛的调查船上。

我正站在船尾发呆。在一望无际的汪洋大海中，船发出轰隆隆的响声前进着，迎面吹过来的风让人感到很舒服。

信天翁群在轻快地随风起舞。它们细长的翅膀舒展着，向右晃晃、向左转转，忽近忽远地跟着船。看来它们是把这艘调查船当成了渔船，想来帮忙打扫一下鱼虾剩饭之类的吧。

我忽地回过神来，发现唯独有一只白色大鸟混迹其中。它虽然和其他信天翁一样在滑翔，但完全就像在幼儿园小朋友的远足中误入了一个小学生一样引人注目。它将巨大的翅膀左右展开固定，巧妙地利用自然的力量，悠然地持续滑翔的姿态，正透露着"空中王者"的威严。

我瞄着望远镜想要瞻仰一下它的美丽容颜，不由得笑出声来。"空中王者"长着酷似鸭子呆愣表情的滑稽脸！我一下子就成了这种鸟的粉丝。

那是我和漂泊信天翁的初次相遇。对方是怎么想的我不知道，但我对它们单方面的爱持续至今。后来我加入了日本南极观测队，当观测船"预知号"的甲板后方出现悠然飞舞的漂泊信天翁时，我会用望远镜追寻它们的身影，以至于经常忘记了时间。

漂泊信天翁展开双翼，翼展长度可达 3 米，是世界最大型鸟类之一。信天翁的体重约为 10 千克，作为在空中飞行的鸟类，这个重量很特殊。那么大的生物在空中轻松地飞舞，光是这样就已经很让人吃惊了，但还有更厉害的，那就是包含漂泊信天翁在内的信天翁类，比其他任何鸟类都要飞得轻松。根据记录心跳次数的生物记录研究显示，信天翁在飞行时的心跳数，和它们在水面上休息时的数值相比几乎没有变化。用人类来打比方的话，就像是用很放松的状态在外面跑来跑去。这要是去参加马拉松的话，肯定会独占鳌头吧。

为什么它们能有如此绝技？

在东京都立川市，我会深信不疑地把猎户座书房这个本地书店认为是全国连锁；由于邻近的国立市的影响，连日本国立极地研究所都被我误认为是国立市的极地研究所——这就是我现在的家乡。有些地方都分不清楚是城市还是农村，从林立着有名的百货商店和高楼的市区，乘坐漂亮的单轨列车南下，过了名字像公交车站一样的"柴崎体育馆"站，马上就进入了山中，开始了像缆车一样的上坡，而前方就是多摩动物公园。

这个动物园非常好。大猩猩灵巧地沿着空中架设的钢索移动。鼹鼠误认为错综复杂的网管是地下的巢穴而四处乱窜。也就是说，这里把动物变成了天真无邪的表演者，这种表现方式很是巧妙。

动物园里尤其出类拔萃的是昆虫圈。一踏入那个巨大的温室中，就会忍不住发出哦的一声。在满满的树木和草本植物之间，有乌鸦凤蝶、斑蝶，还有不知名的凤蝶，总之，有种类繁多、数量众多的蝴蝶在温室里乱飞。乍一看很梦幻，但仔细一看，叶子被蝴蝶吃得乱七八糟的，是个真实的蝴蝶乐园。

突然，像是要驱散这些翩翩起舞的蝴蝶似的，这里有一只行为令人费解的鸟。这是一只蜂鸟。它嗡的一声飞快地扇动着翅膀，在空中肆无忌惮地飞来飞去。而且它可以在高速振动翅膀的情况下，将身体完全静止在空中的任意一点上。这种飞行方式叫作"悬停"。到底是怎么回事啊？我心目中的鸟的形象被彻底颠覆了。这种飞行风格与其说是只鸟，不如说完全是只蜜蜂。不是啪嗒啪嗒地拍着翅膀的鸟，而是嗡一声在空中静止的蜜蜂。

为什么它会用这种方式飞行呢？它和别的鸟有什么不同呢？

鸟类的飞行是极其富有变化的。不仅仅是信天翁和蜂鸟，就连身边的野鸟使用的飞行方式都各不相同。在挂在屋檐上的鸟窝附近，不停地反复盘旋的燕子；一边啾啰啰地叫着，一边慢悠悠地在上空画圆圈的老鹰；只能直线前进的鸬鹚和鸭子。这种多样性到底是因为什么呢？这背后有着怎样的物理、生理方面的机制呢？而且，究竟为什么鸟能够在天空中飞翔呢？

有一种说法是，鸟类和飞机是一样的。鸟的翅膀在功能上与飞机的机翼相同，是基于相同的流体力学机制而产生的升力。

也许这的确有些道理。如果观察在空中飞舞的信天翁，的确与滑翔机有显而易见的相同性。但是，有和蜂鸟一样可以完全静止于空中的某一点上的飞机吗？在成田机场的上空等待着陆顺序的大型喷气式客机，能在那里悬停以消磨时间吗？如果硬要比喻的话，蜂鸟不是飞机，而是直升机吧。更进一步来说，燕子是什么呢？在古今东西的任何地方，能如此迅捷自由地盘旋的飞机是不存在的。即使美国空军的最新锐战斗机，也比不上燕子的机敏。我认为，仅凭单纯的航空力学，无法说明在现实中我们所看到的鸟类多样性的飞行方式。

所以，为了真正地了解鸟类在天空中飞翔的不可思议之处，首先必须从测量在完全自然状态下的鸟类飞行开始。鸟儿们是如何飞越广袤无垠的海面、险峻山脉的上空，或者是我们生活的街道之上的呢？在对这些进行详细测量的基础之上，我们才能一点点地去探究其背后的物理、生理机制。不是去决定其普遍性，而是必须在认同多样性的基础之上，用双手去捞出漂浮在其中的确确实实的普遍性。

因此，本章是关于飞鸟的故事。让我们来看看生物记录所揭示的各种鸟类惊人的飞行能力和飞行模式。乘着上升气流不停地轻轻飞舞的军舰鸟、斯巴达般展翅飞越世界第一高峰的斑头雁，还有终极节能式飞行的信天翁和像虫子一样悬停的蜂鸟。在对这些进行概观的过程中，我们就会逐渐看清对鸟来说飞翔意味着什么了。而且，这直接关系到鸟类为什么要飞翔这一根本性的问题。

在漂泊信天翁不知道飞去哪里之后，调查船依旧顺利地前行，不久我们就到达了目的地凯尔盖朗岛。漂泊信天翁在这个岛上筑巢育儿，因此我们可以观察到在海上绝对看不到的"空中王者"在陆地上的生活。我以为那么优雅地在空中起舞的漂泊信天翁，即使在地面上也一定有着精悍的身姿，没想到看到之后我又扑哧一声笑了出来。

漂泊信天翁的鸭子脸长长地向前突着，完全就像是唱双簧一样呆呆地驼着背，摇摇晃晃地走着——这种鸟果然最棒了！

无拘无束的机敏性——军舰鸟

鸟为什么要飞翔？

我认为大致有两个动机：一是为了进行长距离移动，二是为了寻觅食物和躲避天敌。根据不同的动机，鸟类需要的飞行性能也不同。如果长距离移动是主要的动机，那么巡航的速度和节能性就是最重要的；如果寻觅食物和躲避天敌是主要的目的，那么最大速度和在空中的机敏度就是重中之重。

前者的冠军是信天翁，我们稍后再让它闪亮登场。而后者的冠军就是军舰鸟。这种鸟以天空为居所，在空中收集食物和进食。

我曾经在位于太平洋正中央的一座叫巴尔米拉环礁的芝麻粒般

军舰鸟

的小岛上调查鲨鱼。如果说在巴尔米拉环礁这样的热带海域中，海中的霸王是乌翅真鲨和钝吻真鲨等鲨鱼的话，那么空中的霸王毫无疑问就是军舰鸟了。

军舰鸟不会自己捕捉猎物，而是在空中追逐衔着鱼的鲣鸟。它在空中反复地盘旋着，执拗地纠缠，并用嘴攻击，当鲣鸟终于放弃抵抗把鱼扔到空中时，军舰鸟就像在说"大功告成"似的，猛地接住了鱼。

真是个过分的家伙。但，它也是个厉害的家伙。论无拘无束的飞行性能，无人能及军舰鸟。

法国著名海鸟生态学家亨利·威玛斯基尔希教授于 2002 年在邻近大西洋的圭亚那，给正在育雏的军舰鸟安装了气压记录仪，用来监控其飞行行动。

根据数据显示，这种鸟飞行的厉害之处是，刚快速飞达 2500 米的高空，就又俯冲到水面附近，重复进行着其他任何鸟类都不可能有的大幅度上下移动，而且不分昼夜。军舰鸟在从离巢到回巢的数日之间，一刻不停地在空中飞舞着。麻雀、乌鸦、白脸山雀等鸟通常都会停在树上歇歇翅膀，但是对军舰鸟来说，空中才是它的居所。

为什么能这样呢？

其一，是因为军舰鸟善于利用上升气流。被火辣辣的太阳烤热的海面上，不断有肉眼看不到的上升气流产生。恰如换乘电车一样地换乘上升气流，军舰鸟可以据此不停地反复上升和下降。说到上升气流，在空中画着圆圈的老鹰等猛禽也是搭载上升气流的常客。

其二，支撑着军舰鸟自由自在飞行的，是它大大的翅膀。军舰鸟的翅膀，虽然不像信天翁的那么长，但是因为很宽，所以面积大。如果考虑到身体尺寸的差异，那即便是在所有的鸟类当中，军舰鸟所拥有的也是最大级别的翅膀（希望大家回想第二章中对格陵兰睡鲨的游泳速度进行的比较，以便将身体尺寸的差异考虑在内）。此外，和军舰鸟一样利用上升气流的老鹰等猛禽，也是翅膀比身体的尺寸大。

翅膀大的好处是什么呢？

翅膀产生的升力与"空气的密度 × 翅膀的面积 × 速度^2"成正比。与多项的积成正比，指的是如果结果固定，那么有某一项提高了，就有某一项会降低。所以如果翅膀的面积大，就能相应地降低飞行速度。

对鸟类来说，降低飞行速度的好处是很大的。它们可以一边悠闲地在空中飞舞，一边环顾四周、寻找食物，像军舰鸟就可以在空中降低速度，对目标鸟类进行讨厌的纠缠。而且如果能飞得慢，鸟类乘着上升气流在上空画圆圈的时候，因为可以减小圆的半径，所以能够很好地利用规模小的上升气流。

这可能需要稍微解释一下。鸟类在乘着上升气流画圆圈的时候，身体受到向外的离心力，一旦离心力太大，身体就会像转不过弯的汽车一样，被甩出圆圈之外。

离心力与"速度^2÷旋转半径"成正比。为了不被甩出去而保持较低的离心力，只能降低作为分子的速度，或是增加作为分母的旋转半径。如果能够因为翅膀大而降低速度的话，就不用增加旋转半径。也就是说，就变得能够绕小圈了。而且对于离心力来说，与速度是构成平方关系的。也就是说，即使只能稍微降低一点点速度，旋转半径也会小得多。

另外，从表示翅膀上产生的升力公式"空气的密度 × 翅膀的面积 × 速度^2"，可以得知，想要提高飞行速度的时候，只要缩小翅膀的面积就可以了。鸟的翅膀是可以伸缩自如的可变翼，因此这种事情对它们来说易如反掌。军舰鸟也好，猛禽类中的隼也好，都会在为了猎物而俯冲时，把翅膀半折以减少面积。

令人意外的是，在鸟类的日常生活中，最宝贵的就是慢飞的能力。飞得慢的鸟也可以飞得快，但飞得快的鸟不一定能飞得慢。

跨越喜马拉雅山脉的斯巴达式飞行——斑头雁

军舰鸟能飞到 2500 米的高度，是因为它们很好地利用了上升气流这个自然力量。但是鸟类的世界是很广阔的。有一种鸟不借助上升气流，纯粹仅凭自己的肌肉力量可以飞得比军舰鸟还高，这种鸟就是斑头雁。

斑头雁是候鸟，夏季炎热的时期在蒙古、俄罗斯等避暑之地度过，冬季寒冷的时期则在温暖的印度度过。如果光听到这些，你或许会觉得斑头雁过着优雅的名流生活，但从印度到蒙古的北上飞行，简直就是场不可想象的斯巴达式大迁徙。因为在印度北部，世界第一高度的喜马拉雅山脉，像一面巨大的墙壁似的耸立在那里。

斑头雁

对斑头雁来说，飞越喜马拉雅山脉，是三种意义上的终极高负荷运动。

第一，高度越往上，空气越稀薄，有氧运动就会变得越来越困难，普通人如果不借助氧气瓶就无法登顶喜马拉雅的群山。

第二，随着高度的上升，空气的密度会降低，就难以产生升力。由前面所说的"空气的密度 × 翅膀的面积 × 速度^2"这一公式可知，鸟类通过拍动翅膀所得的升力与空气的密度成正比。空气稀薄，呼吸就越来越困难，但拍动翅膀的频率却必须进一步加快。如果不说这是斯巴达战士般的体能，又该说是什么呢？

第三，斑头雁是体重可达 2.5 千克的大型鸟类。一般来说，动物越大，就越不擅长进行逆着重力的纵向移动。小小的松鼠可以毫不费力地垂直跑上树干，巨大的大象却连一点点上坡都要避开。人类的情况也是如此，擅长上坡的赛跑运动员和自行车运动员基本上都身材矮小。所以斑头雁的大身板就成为飞越喜马拉雅山脉的障碍。

为什么越大的动物越不擅长纵向上的移动呢？

我认为这是动物运动的普遍规律，也是很重要的一点。

无论是在天上飞的鸟类，还是在地上走的哺乳类，提升高度就意味着要对重力做功，换言之，就是要把自己的身体逆着重力一下子抬起来。为此，高度每抬高 1 米所需要的能量，就会与体重成比例地增加。

众所周知，动物与生俱来的能量——代谢速度，不会与体重成比例增加。虽然还不太清楚其机制，但动物的代谢速度是以体重的 3/4 次方，或者以与之相近的增长率来增加的。体重增加 2 倍的动物，每抬高 1 米的高度就需要 2 倍的能量。尽管如此，驱动这些行动的代谢速度，只增加了约 1.7（$2^{3/4}$）倍。体重增加 4 倍的动物，明明需要 4 倍的能量，但实际上只增加了约 2.8（$4^{3/4}$）倍。越大的动物越不擅长逆重力的纵向移动，其原因就在于此。

话说回来，跟这非常相似的解释之前也出现过好多次了。无论是第二章讲解"为什么越大的动物游得越快？"时，还是第四章回答"为什么越大的动物潜得越深？"时，都以完成相应运动所需要的能量，以及动物与生俱来的代谢能量的上升率之间的差异为根据进行了说明。

动物的代谢能量以 3/4 次方这种不完美的上升率增长，这件事情的重要性是无论怎么强调都不为过的。它出现在动物行为的各个方面，比如对游泳速度、潜水深度，还有关于重力的纵向移动都会产生作用。

痛苦的时候才更要冷静

下面来整理一下问题，斑头雁飞越喜马拉雅山脉的行为是三种意义上的终极高负荷运动。

其一，高度越高，空气变得越稀薄，有氧运动变得艰难。

其二，高度越高，空气的密度就变得越小，就越难产生升力。

其三，斑头雁是大型鸟类，天生注定不擅长进行逆重力的纵向移动。

那么它们是如何做到的呢？

英国的研究团队在他们的最新生物记录调查中明确了飞越喜马拉雅山脉时斑头雁的三维移动轨迹。虽然我并不认识这个团队，但我不禁会想，当他们漂亮地记录下动态数据时一定很高兴吧。他们一定会把数据的机密性什么的先抛在一边，到处去跟别人分享这份喜悦之情。

根据这个数据显示，在飞越喜马拉雅山脉当天，斑头雁完全就像奥运会正式比赛的运动员似的，努力地鼓起干劲飞了起来，呼啦呼啦地拍动翅膀，使劲地提升高度，用了 8 小时就到达了 5000米 ~6000 米的最高高度。与其说没有出现部分人所认为的那种翻越珠穆朗玛峰（8848.86 米）和乔戈里峰（8611 米）山顶的场面，倒不如说是它们尽可能冷静地选择了即使不提升高度，也能轻松地翻越喜马拉雅山脉的最佳路线。

过了最高高度进入下降阶段，之后就简单了，就像参加环法自行车赛时越过阿尔普迪埃❶最高点的自行车手一样，一边让暴虐之后的身体一点点地恢复，一边降低高度。

为什么会这样呢？

生物记录调查认为这是生理上的适应。斑头雁拥有巨大的肺，为了弥

❶ 阿尔普迪埃：环法自行车赛中著名的爬坡路段。

补空气的稀薄，增加了吸入空气的总量。另外，它的肌肉上布满了密密麻麻的血管，血液中搬运氧气的血红蛋白含量也比其他鸟类更高。总之，斑头雁与环法自行车赛的自行车手，或是奥运会的马拉松运动员一样，拥有专门适用于有氧运动的体格。

不仅如此，生物记录的数据还明确了斑头雁在行动上的适应。

斑头雁在开始飞越喜马拉雅山脉时，是从凌晨到早晨的寒冷时段。越冷空气密度越大，因此，根据"空气的密度 × 翅膀的面积 × 速度^2"的规则，拍动一次翅膀能够得到更多的升力。这种程度的物理原理应用，斑头雁一定是凭经验知道的。另外，如果空气冷的话，还有一个优点，那就是可使因振翅运动而发热的身体更易冷却。

再加上斑头雁在飞行中的速度既不过快也不过慢，恰好将运动强度控制在最佳速度。正如之后会详细说明的那样，对鸟类来说，零速度的飞行（悬停）也好，高速飞行也好，同样是高负荷。如果将飞行所需要的能量、速度作为横轴进行图表化，刚好可以画出一条 U 字形的曲线。斑头雁精准地把速度控制在这个 U 字的最底部。

通过将这些生理上的、行动上的适应叠加到一起，斑头雁才在飞跃喜马拉雅山脉这种挑战极限的有氧运动中勉强成功了。

小小身体里的巨大引擎——蜂鸟

　　并不是只有关于重力的纵向移动才是高负荷运动。在鸟类们表现出的飞行模式的变化中，最高负荷的是零速度的飞行，也就是悬停。而唯一能将其完成的鸟类群体，就是在本章开头出场的蜂鸟。这种鸟，与它那可爱的外表相反，它们是在小小的身体里装载着巨大引擎的高功率冠军。

　　蜂鸟的飞行风格与昆虫很像，实际上这种鸟也过着昆虫般的生活。它们的营养来源是花蜜，平时像蝴蝶和蜜蜂一样在花丛中飞舞盘旋，如果发现了好的花朵，就会在它面前悬停，将身体静止，用长长的喙来吸食甜甜的花蜜。它们过着像昆虫般的生活，连外表都变得像昆虫了，这是一个进化趋同的好例子。

蜂鸟

再重申一遍，悬停才是蜂鸟独一无二的最大特征。悬停是一项超高负荷的运动，即使在大约一万种鸟类里，能长时间悬停的也只有蜂鸟。比如，总是被"狗仔队"追逐的都市偶像——翠鸟，虽然偶尔会悬停一两秒，但也仅此而已。它无法做到像蜂鸟一样稳稳地将身体在空中保持静止好几十秒的状态。

为什么悬停会如此高负荷呢？

那是因为在前进速度为零的情况下，必须靠拍打翅膀获得与空气相对的必要速度。这就像在无风的状态下放风筝一样。要在偏偏没有风的日子里放风筝，就只能抓着线全力奔跑，从而产生模拟风。

在飞行这种运动中，最重要的不是相对于地面的绝对速度，而是相对于空气的相对速度。

说句题外话，某本与流体力学相关的教科书中写过，被蜜蜂追赶的时候最好逆风逃跑。因为蜜蜂和人类不同，它们不是相对于地面，而是相对于空气飞行的，所以很难逆风前进。但在现实中，在被凶暴的毒蜂袭击的紧急时刻，我觉得无法冷静地观察气象，看现在的风向是什么。

总之，蜂鸟们在前进速度为零的时候，也能通过猛烈拍动翅膀，获得充分的和空气之间的相对速度。蜂鸟的振翅不是"呼啦呼啦"的，而是"嗡"的。如果用高速摄像计算它们在1秒钟内拍动几次翅膀的话，特别快的品种可以达到80次。

为什么只有蜂鸟能完成如此程度的高负荷运动呢？

因为蜂鸟的身体很小。蜂鸟是世界上最小的鸟类群体之一，小型品种的蜂鸟体重仅有几克，最大的品种也只有 20 克。

动物的代谢速度是与体重的 3/4 次方的近似值成比例增长的，这点我们已经进行过多次说明。代谢速度不会像体重增加得那么快，这是不能忘记的生物学一大原则。也就是说，每千克体重相应的代谢速度，注定会随着动物体形的增大而减少。也就是说，体形小的蜂鸟与体形大的信天翁、斑头雁相比，得益于每千克体重的代谢速度相差悬殊这个恩惠。

但不仅仅是这样。

如果去除身体大小的差异进行比较的话，蜂鸟拥有着在所有鸟类当中最大的心脏和最大的胸肌（驱动振翅的肌肉）。大心脏让血液加速循环，大胸肌发出强大力量（功率）。如果去除身体大小的差异进行比较的话，别说是所有的鸟类了，众所周知，就是在所有的脊椎动物当中，蜂鸟也是能发出最强大力量的、不可思议的动物。

也就是说，从能量的角度来看，蜂鸟不仅体形小，而且这个小小的身体专门适用于有氧运动，通过双重的效果完成了悬停这种超高负荷运动。

此外，形态上的适应也很重要。蜂鸟在悬停时，就像竹蜻蜓一样将身体一直垂直地立着，只有翅膀在"嗡"的水平振动。作为鸟类，为了便于维持这种特殊的拍动翅膀的姿势，蜂鸟翅膀上骨头的形状是特殊的。

最后必须说的是，支撑着悬停这种超高负荷运动的，是花蜜这种超高热量的食物。非常奇妙的是，理应是为了吸食花蜜而进化出来的悬停飞行，事到如今没有花蜜就不可能实现了。这或许可以说是过于特殊化的动物的悲哀。

当然，这种悲哀并不仅限于蜂鸟。另一个具有代表性的例子就是蓝鲸。张大能将一台小型客车整个塞进去的巨大嘴巴，把磷虾和海水一起吞下去的蓝鲸，诚然在一方面进化出了可以吃到美味的饮食方式，但是从另一方面来看，只有通过这样的做法持续摄取大量脂肪含量充足的磷虾，它们才能维持那可达 100 吨的巨大身躯。

回过头来看看我的研究方法怎么样呢？

原本就是为了研究动物才开始的生物记录，如今是不是没有生物记录就无法进行动物研究了呢？——过于特殊化的悲哀，这实在是句让人感同身受的话。

说到生物记录，很可惜的是还没有给蜂鸟安装记录仪的研究案例。小小的身体里装载着巨大的引擎，虽然我觉得从这种鸟身上可以获取到非常有趣的数据，但无奈它的身体太小了。即使是最大品种的蜂鸟也只有 20 克，而现有的最小生物记录设备，对它来说还是太大了。

不过设备的小型化如今也在稳步地进行着，所以距离将蜂鸟的超高速振翅用加速传感器记录下来，同时将它在花丛中寻找花蜜的移动路线用 GPS 传感器记录下来的日子也没有那么远了——啊，这个想法太特殊化了吗？

鸟类和飞机是一样的吗？

我们已经看到了一些拥有杰出飞行能力的鸟类，现在让我们回到最根本的问题上来看看：鸟为什么可以飞呢？

经常被提及的是，鸟类和飞机是一样的这种想法。说鸟类的翅膀拥有与飞机的机翼相同的功能，是基于相同的流体力学机制产生升力。所以为了理解鸟类的飞行，只要直接应用飞机的理论就可以了。

但是，果真如此吗？在屋檐上翩翩地反复盘旋的燕子，和用左右延伸着固定翼、只会快速前进的喷气式飞机，真的拥有相同机制吗？

在我看来，即使是在鸟类的飞行中，滑翔飞行和振翅飞行也是不同的。在其中起作用的物理现象、复杂性，以及我们对此的理解程度也毫无共同之处。的确，在信天翁的滑翔飞行方面，与飞机的相同性是显而易见的，这可以从航空力学的理论上做一定程度的说明。但在振翅飞行方面，既然不存在可以用有弹性的翅膀上下摆动着飞行的飞机，那么就必须与航空力学分开考虑。

我们先从简单的滑翔飞行开始吧。

翅膀对于滑翔中的鸟、机翼对于巡航中的飞机的作用是什么呢？就是将从前方进入的空气向后方送出时，会使空气轨道稍微地向下偏斜一点。而作为向下方挤压空气的反作用力，翅膀会受到向上的升力。

所以起作用的是从翅膀的截面上可以看到的特殊形状——流线型。飞机机翼的截面，是前缘圆、后端尖的漂亮流线型，而通过这个形状，从前方进入的空气轨道可以毫无阻力地轻松向下弯曲。诚然，即使不是流线型的薄板，只要把前缘稍稍抬高一点，也能把从前方进入的空气轨道向下偏移。无论是胶合板还是铁板，都能产生升力。但在这种情况下，空气的轨道是无法顺畅地弯曲的，所以会产生很多无谓的空气阻力。作为现实问题，胶合板和铁板是起不到飞机机翼的作用的。

鸟类翅膀的截面形状也类似于流线型。鸟类翅膀的情况是：前缘因为有骨头的存在，所以必然带有圆弧；后缘处是羽毛，所以自然就形成了尖形。动物的身体构造多么美妙。但这也有例外，这点之后再说。

不管怎样，滑翔中的鸟类和飞机的机翼，都是将从前方进入的空气自然地向下挤压弯曲，来获得作为反作用的升力。

所以翅膀越长越好。哎呀，且慢，我把中间的说明部分跳过了。因为这是很重要的部分，所以希望大家仔细听。

通过使空气向下弯曲而产生的向上的力（升力），与弯曲的空气的动量成比例。动量是用"质量×速度"来表示的物理量，表示多少量（质量）的空气，是以多大的气势（速度）被弯曲的。因为质量和速度的乘积才是关键，所以不管是质量是1、速度是2，还是质量是2、速度是1，作为结果所得到的升力都是2。

另外，使空气向下加速，鸟和飞机会失去相应部分的能量。给予的部分必须失去，这个能量守恒的规则，是宇宙的规则，无论何时何地都是正确的。运动体所拥有的能量，一般用"0.5 × 质量 × 速度 ^{2}"来表示。就像刚才的例子一样，如果质量是 1、速度是 2 的话，失去的能量是 $0.5 \times 1 \times 2^2 = 2$，但如果质量是 2、速度是 1 的话，失去的能量就是 $0.5 \times 2 \times 1^2 = 1$。哎呀，真是不可思议，明明得到的升力是一样的，但后者失去的能量只是前者的一半。

也就是说，不论是使少量空气快速流动，还是使大量空气缓慢流动，所得到的升力都是相同的。但是大量空气缓慢流动的情况下，能量消耗得更少。所以滑翔的鸟和飞机都要尽可能地向左右充分伸展长长的翅膀，多多地调动空气。滑翔中能量消耗得少，高度不容易下降，不用拍打翅膀就能飞得很远。如果这个世界上存在拥有无限长的翅膀的怪物鸟，那么从理论上来说，能量的消耗就趋近于零，就会像天花板上吊着的绳子似的，可以一直在同一个高度上持续地滑行下去。

也许有人会说："那好吧，就算是漂泊信天翁，别说是 3 米、5 米或是 10 米，翅膀再长长一点儿不就行了吗？"

我在凯尔盖朗岛上近距离地看到漂泊信天翁后，才知道那是不可能的。漂泊信天翁完成长时间的滑翔，在岛上一着陆就会一下子把长长的翅膀像是折叠屏风一样，整整齐齐地折成三折后放在身体旁边。尽管如此，折叠后的翅膀还能延伸到尾羽的末端。

漂泊信天翁的翅膀长度，已经达到了折叠后可以收纳的极限。

连续滑翔的秘诀

让我们来继续讲述信天翁滑翔的故事吧。

无论是滑翔效率多么高的漂泊信天翁，能量的消耗也不可能为零，因此从理论上来说，它的高度应该是逐步下降的。但在现实中，在船上看到漂泊信天翁滑翔时，就会发现它不断地反复上升和下降，永远不会降落到海面上。但是也没有主动地拍动翅膀的动作。这是一种叫作"动态滑翔"的神奇飞行方式。

为什么会有这样的事情呢？

一个很明确的答案是向上的风。在信天翁滑翔的海上，风遇到波浪的斜面和海岸线上的山崖就会向上弯曲。所以刚好就像军舰鸟换乘着上升气流前进一样，信天翁也通过换乘向上的风，可以一直滑翔。

但是，在那些好像吹不起向上的风、波浪突然平息的日子里，信天翁也在反复地上升和下降、不断地滑翔着。这是为什么呢？

这就是科学的秘诀。在滑翔中，翅膀的功能只是通过产生升力来尽可能地延缓下降。不论是从能量守恒定律上来说，还是从翅膀功能上来说，如果没有向上的风，高度应该就只能渐渐地往下掉了。

解开这个谜题的，竟是我的熟人。

2008 ~ 2009 年的科考季，我住在凯尔盖朗岛，和我一起工作的是一个叫约翰奈斯·特拉戈特的印度青年。在这里生活的基本都是本地人，我和约翰奈斯是为数不多的异乡人，我们很合得来（不过他会当地语言，所以不会比我寂寞）。

虽然约翰奈斯在当地进行漂泊信天翁的调查，但他并不是生物学家，而是慕尼黑工业大学一名地道的工学研究人员。他专攻 GPS 技术，带来了为了安装于漂泊信天翁身上而自主设计的小型 GPS。

GPS 在市面上要多少都可以买到，有必要非得自主设计吗？

是有必要的。GPS 作为定位系统，与天空中环绕的多颗人造卫星进行电波信号的交换，并在测量 GPS 主体和人造卫星的距离之后，根据这些信息计算出当前的纬度和经度。

定位的关键在于，将距离信息交换为位置信息的算法。距离信息一定会含有一定的错误，而且这会因电波的接收状态、人造卫星的位置、GPS 主体的运行速度等各种因素而发生复杂的变化。对于如何处理这些复杂的因素，并不存在独一无二的完美解法，而是取决于程序员的主观判断。

对于市面上的 GPS 购买者的使用方法，制造方并不了解。可能是别在腰上，在纽约的摩天大楼之间慢跑；也可能是挂在背包上，沿着亚马孙河顺流而下。因此，市面上的 GPS 用的是一种无论在什么地方、什么情况下，至少不会出现大的偏差、避开风险的算法。

但约翰奈斯的 GPS 用途很明确——要安装在从凯尔盖朗岛飞出的漂泊信天翁身上，记录它的飞行路线。所以他带来了独创的，并且只有在这种情况下才能发挥最佳性能，以及使用了特殊算法的 GPS。而且用了它，不仅可以记录漂泊信天翁的平面飞行路线，而且能成功地描绘出包含高度变化的立体轨迹。

约翰奈斯还进一步将得到的飞行轨迹，与通过遥感测量得到的当地风势数据相结合。于是，"空中王者"为何能在没有向上风的情况下继续滑翔这个谜团终于解开了。

信天翁的摆锤运动

根据约翰奈斯再现的三维飞行路线，漂泊信天翁在印度洋的海上反复进行着上升10米~20米后又下降到海面附近的动作。我站在调查船上激动地看到的"鸭子脸大王"悠然地在空中飞舞的样子，就这样在电脑中再现出来。

颇有意思的是信天翁的飞行速度。它轻飘飘地上升，到达最高点时速度停滞，反而下降到逼近海面时速度是最快的。

是的，这和摆锤是一样的。在最高点时的势能大，相应的动能就小。随着从最高点开始下降，势能会被动能取代，所以信天翁的身体就开始加速。也就是说，信天翁的飞行可以用能量守恒定律来解释说明，即势能和动能的总量是一定的。

但是如果放任不管，摆锤的摆动幅度会一点一点地减小，最终停止。因为在空气阻力的影响下，能量会一点点地转变成热量，流失在空气中。同样，信天翁应该也是在一点点地损耗着能量。尽管如此，还能维持滑翔，这说明信天翁通过某种手段从外部获得了能量。

信天翁是从哪里获得能量的呢？波浪？风？太阳？因为绝不是用阳光来进行太阳能发电，所以能量的来源应该是风。

信天翁上升、下降的模式是对应着风向的。朝着上风方向提升高度，在最高点迅速改变方向后，又朝着下风方向下降高度。重点在于朝着下风方向的下降。此时，信天翁会借着顺风最大限度地加速，在身体里储存比势能转换时所得的更多的动能。换句话说，信天翁通过将顺风的能量吸收进身体里，增加势能和动能的总量。如果这些再一次转换成势能，就能提升到比之前更高的高度，即使因为空气的阻力而损耗了一些能量，也能若无其事地继续滑翔。

这就是我们在高中物理中所学的动能和势能的互换。但是，关于这些，"鸭子脸大王"早就知道了。

鸟类不是飞机

信天翁的滑翔机制跟航空器的力学非常相似，所以可以比较简单地进行说明。

但遗憾的是，简单到此为止。鸟类在开始振翅的瞬间，与航空器间的相同性很容易就瓦解了，我们被一无所有地抛到了未知的荒野中。

再重复一遍，滑翔和振翅飞行是根本不同的两种运动方式。要说最不相同的，就是机翼周围的空气流动的复杂性。因为滑翔是安定的稳定状态下的运动，所以翅膀周围的空气流动可以简单地用一张图来表示。而另一方面，振翅飞行是不安定的非稳定状态下的运动，在拍动一次翅膀的周期中，空气的流动会发生复杂的变化，别说是用一张图来表示，就是在实验室里也难以模拟复杂的空气流动，所以根本不了解其实际情况。

这乍一看会让人觉得很奇怪。再怎么复杂，如果把拍动翅膀的瞬间剪切下来，那不就和翅膀在流体中运动的滑翔结构一样吗？如果将这些经过拍动翅膀的周期加在一起（也就是积分）的话，不就能再现振翅的力学了吗？我想有这种想法的人不在少数。

这种心情我其实也很理解。将一部分剪切出来进行分析，通过积分来再现整体情况是古典物理学的研究方法。而实际上直到最近，在鸟类飞行的研究领域，这种想法也是主流。将航空力学的理论直接应用在振翅飞行上的论文，至今已经发表了无数篇。

但最近发现这是不正确的研究方法。振翅飞行跟滑翔之间具有不同维度的复杂性，用以往的航空力学无法解释说明。无论如何，积累部分也无法再现整体。证明这件事的，是一位我虽然从未见过但非常尊敬的研究者——荷兰格罗宁根大学的约翰·威德勒教授。

威德勒教授在 2004 年发表于《科学》期刊上的论文，是我这10 年左右的研究生涯所读过的无数篇论文中，精彩程度可以进入前五名的大论文。要说有什么厉害之处，那就是主要内容的开头太过强烈。普通科学论文的主要内容，理论上都是从目前为止知道些什么、不知道些什么这种关于研究背景的说明入手，之后再结合自己的结论进行阐述。但是威德勒教授一开始就用尽全力地写出："The current understanding of how birds fly must be revised."（关于鸟类是如何飞行的，我们迄今为止的理解必须被修正。）

而这样的开头绝不是故弄玄虚。

在论文当中，教授突然写道："鸟类翅膀的截面根本就不是流线型的。""啊？"看得我瞪大了眼睛。有这种可能吗？鸟类的翅膀确确实实是流线型的啊。

但是被这么一说后再来看，事情确实如此。

鸟类的翅膀截面，根部（靠近肩膀的部分）与尖端的部分是不同的。在根部的前缘处有上肢骨和桡骨，后缘是薄薄的羽毛。因为前缘圆、后缘薄，结果就形成了酷似航空器机翼的流线型。如果只到这里，那么以往的理论仍是正确的。

但是翅膀的尖端部分没有骨头，只由薄薄的羽毛组成。截面不是流线型，只是一块板子。而且骨头到底长到翅膀前面的什么位置，这是根据鸟的种类，更进一步来说是根据飞行方式而不同的。像信天翁这种擅长滑翔的鸟类，骨头一直伸入翅膀相当前面的位置，所以翅膀的截面大体上近似于流线型。迄今为止用航空力学解释信天翁滑行的尝试，从这一点来说也是合理的。

而另一边，靠振翅自由自在地飞来飞去的鸟类翅膀，骨头只位于极其根部的位置。比如，燕子就是其中的代表者，它们的翅膀不是向着正侧面，而是向着后方伸展的后掠翼。其截面大体上是一块薄薄的板子，离流线型还很远。

因此威德勒教授说，即使从极其简单的翅膀形态上看，用航空力学解释振翅飞行也是不正确的。这真令人哑口无言。

前缘涡这个出人意料的旋涡

让我们回过头来看翅膀"只是一块板子"的鸟，是如何产生升力的呢？虽然胶合板和铁板也能产生升力，但作为副产品所形成的空气阻力过大，从而无法发挥作用，这点在前面已经阐述过。

威德勒教授得到了一个以飞快的速度在空中飞舞的雨燕翅膀样本，做了一个与实物大小相同的模型。（此外，雨燕虽然跟燕子在外观和飞行风格上一样，但分类上却是相差甚远的种类。趋同进化的例子在这里也得以显现。）

然后把这个模型放入流水水槽内，观察翅膀周围发生了什么。

使用流水水槽做鸟类翅膀的实验，这是流体力学的有趣之处。只要对流速进行调整，再利用被称为"雷诺数"的物理量，那么无论是空气还是水，都可以观察到完全相同的物理现象。通过流体力学这副物理眼镜来看的话，空气和水就像七色彩虹上的红色部分和蓝色部分一样，只不过是连续光谱上的两个点。只要调整流速，空气就会变成水，水也会变成空气。

这样的话，根据实验的目的，使用好用的方法就可以了。如果有把鸟的翅膀放在水槽里的实验，那么反过来也有把鱼鳍放在空气里的实验。一般用鼓风机制造空气流动的实验，要比让水循环流动的实验更容易做到。另外，在让水循环流动的实验中，通过将中性浮力的粒子混入水中，可以严密地将流动可视化。

于是威德勒教授通过将雨燕翅膀周围的水流可视化，发现了一种被称为"前缘涡"（leading edge vortex）的特殊旋涡的产生。前缘涡正如其名，是沿着翅膀前缘流动的旋涡。在翅膀根部位置产生的前缘涡，一边不停地纵向旋转，一边沿着前缘向翼端方向流动，然后就这样直接从翼端剥离。而且这个旋涡会使流体向上流动，使雨燕的翅膀向上抬起（也就是产生升力）。

旋涡一边不停地纵向旋转，一边在翅膀的前缘横向移动，这也说明，翅膀周围的空气流动是三维的。

我认为这是极其重要的发现。在以往关于飞行的力学解析中，将翅膀落实为截面（翅膀形状）的二维构造，通过从翅膀根部到尖端的积分，再现翅膀整体力学的这种研究方法是主流。威德勒教授的研究意义在于，清楚地表示了即使将部分积分也无法再现整体，整体必须按照整体的形态进行调查。

作为读者的我，只有感动。从研究室的窗户可以看到在春天里燕子以非常快的速度反复地上升、下降和盘旋的样子。"身轻如燕"

这个词的存在，说明燕子的动作敏捷、自由自在，是飞机无法比拟的。对于"飞机和鸟类是相同的机制"这个以往的说明，我总抱着一种满腹狐疑般的心情，但是这种迷迷糊糊的感觉一下子被威德勒教授的论文冰释了。

在威德勒教授这个先驱般的研究之后，世界各地进行了各种各样的相关实验，正在逐步明确振翅飞行中升力的产生源，很大一部分在于前缘涡。前缘涡不仅在雨燕身上，而且在各种各样的鸟类和蝙蝠身上也得到了确认，这似乎是在振翅飞翔于空中的动物身上普遍存在的现象。振翅飞行的研究，现在正以前缘涡为中心进行着。

可是在这样的大趋势中，如果不灵活应对就会吃亏。我现在关注的是在水中"飞"的鸟——企鹅的推进机制。如果水和空气之间没有本质的差别，说不定企鹅的翅膀上也会产生前缘涡。基于这样的预想，我现在正在进行使用企鹅翅膀模型的实验。

前缘涡，会出现吗？

空中飞鸟的法则

在此，我们来总结一下迄今为止关于鸟类飞行所了解到的一切吧。

军舰鸟的伙伴们和老鹰等猛禽依靠换乘上升气流来反复上升、

下降。这些鸟的翅膀比身体大，因此即使飞行速度很慢也能获得充分的升力。飞得慢在生存上的好处超乎想象：首先，可以在上空慢慢地环视四周；其次，在上空画着圆圈飞行时的盘旋半径可以很小，因此连细小的上升气流也可以有效地灵活运用。

斑头雁飞越喜马拉雅山脉，从以下三点来看是终极的高负荷运动：第一，高度越往上空气越稀薄，使有氧运动变得困难；第二，随着高度变高，空气的密度下降，难以产生升力；第三，对斑头雁这样的大型鸟类来说，逆重力的纵向移动的负担格外大。这样的高负荷运动之所以成为可能：一是因为斑头雁拥有一个巨大的肺和专门适用于有氧运动的肌肉，也正因如此，它才被比喻为环法自行车赛的自行车手；二是斑头雁还准确地选择了能让身体负担最小的路线、时间段、飞行速度等。

蜂鸟是所有鸟类当中唯一能长时间维持悬停的鸟。悬停是在前进速度为零的状态下，仅靠振翅的效果获得与空气的相对速度，属于超高负荷运动。之所以只有蜂鸟能做到，是因为它体形小，而相比之下心脏和胸肌巨大，甚至骨骼也因悬停而特殊化等原因。而且支撑这种超高负荷运动的是花蜜这种糖分集合体。

信天翁是能够以最低程度的运动负荷持续滑翔的节能飞行冠军。使之成为可能的是向左右伸出的长长的翅膀。翅膀在滑翔中的作用，是将从前方进入的空气向下挤压弯曲，获得作为反作用力的升力。此时，比起快速地移动较少的空气，缓慢地移动较多的空气所带来的能量效率更高。不仅如此，信天翁还在海上反复进行着一边减速一边升空、一边加速一边下降的摆锤运动（动态滑翔）。在下降时借助顺风，增加了势能和动能的总量，以此弥补了自然流失的能量。

滑翔和振翅飞行是不同的，前者才可以用古典的航空力学的思考方式来理解，但后者的复杂性无法用这种方式来解释说明。近些年，根据使用雨燕翅膀模型的实验，发现了振翅飞行时翅膀的周围会产生前缘涡。看来这个前缘涡正是振翅飞行中产生升力的重要机制。对此目前仍在进行研究。

不知道飞行速度

正如迄今为止我们所看到的那样，先不管滑翔，就连振翅飞行的机制我们也只了解了一部分，更不用说野生的鸟类是在什么样的环境下振翅飞行的，其结果享受着怎样的生存优势，等等，这些生态学上的问题，几乎都没被解答。

所以现在最重要的，是积累客观的观察结果。17世纪的天文学家开普勒，积累了大量有关行星运行模式的数据，终于发现了一条贯穿这些数据的规则。

对于鸟类飞行的情况，尤其缺乏的是关于飞行速度的数据。鸟类是以怎样的速度飞行的，这些数据尽管是关乎飞行本质的重要信息，但几乎没有收集到。不，准确地说，虽然收集到了，但数据的精确度有问题。

是这么回事，鸟类的飞行速度在此前是利用电波反射和多普勒效应的测速枪来测量的，这和警察在交通管制时段测量车辆行驶速度的方法是相同的。但是用测速枪测量到的是相对地面的对地速度，而不是相对空气的对气速度。正如本章所述，鸟类不是面对地面，而是面对空气这一流体飞行的，所以从本质上说，重要的不是对地速度，而是对气速度。

的确，从原理上说，用测速枪来测量鸟类的对地速度，再减去独立观测到的风速，就能计算出对气速度。目前的研究都是这样估算鸟类的对气速度的。但在现实中，风速会因时间、场所，还有高度而发生很大的变化。可以说，要准确地测量鸟类飞行高度的瞬间风速，几乎是不可能的。

因此，长期以来我们都期待着，不是用这种间接的方法，而是开发出一种能直接、准确地测量鸟类在飞行中的对气速度的方法。

本章的后半部分介绍的是我自己的研究。2008 年，我结束了在大槌町的博士后生活，开始在国立极地研究所就职，在这之后一年左右的时间，我在凯尔盖朗岛进行实地考察，给凯岛鸬鹚安装记录仪。在那个时候，我经历了一个意料之外的奇怪过程，真的是在偶然之间，我创造出了测量鸟类对气速度的方法。

告诉我这个方法的，正是凯岛鸬鹚。

基地里的法式日常

凯尔盖朗岛的调查之旅对我来说大概是一生都不会忘记的回忆。不，我并非是被美丽的景色打动，或是觉得调查基地的生活很开心。那里的景色确实很美，基地的饭菜也相当地好吃，但比起这些，让我感到最辛苦的是我作为一名不会法语的日本人，参加了4个月的法国调查组。即使是现在一想起在凯尔盖朗岛的事，我就会产生一种既想再去又不想再去的、混杂着怀念和苦涩的复杂心情。

凯尔盖朗岛位于印度洋的正中央，说是岛，但那里并没有永久居住的岛民。它曾经作为捕鲸基地和煤炭开采基地而被产业性地利用，但现在仅作为科学调查基地。凯尔盖朗岛虽然地处亚南极地域，但不像南极那么冷，雪也少，整个岛都覆盖着绿色的草地。

回想起那次凯尔盖朗岛的调查旅行，从一开始就是一场令人难以置信的闹剧。

刚开始，我的凯尔盖朗岛逗留计划是包含往返船运在内的1个月时间。我个人认为作为海外出差的天数来说，1个月是最合适的，这个时间既可以舒适从容地享受当地的生活，又正好可以在开始想念日本的时候回国。

但是，就在出发的前两周，这次旅行中负责协调的法国人查理给我发来了一封邮件：

"因为回程的船运日程变了，所以再在那里待3个月吧。CIAO。

(再见)"

我目瞪口呆。这不是 3 天，不是 3 周，而是让我在那个远海的孤岛上再待 3 个月。我一点也没想好在这期间应该怎样生活才好。于是，我的凯尔盖朗岛调查在即将出发之前从 1 个月变成了长达 4 个月的漫长旅程。

凯尔盖朗岛有个叫"法兰西港"的调查基地。这里住着研究人员和基地的管理员、厨师、木匠等共计 70 人左右，想象一下散布在加拿大和阿拉斯加偏远地区的荒村，大概就跟那儿差不多了。除了为调查鸬鹚而外出的那一个多月，我基本每天都是在基地里度过的。

基地的中心位置有一栋大型建筑，一楼是食堂、二楼是酒吧，我的一日三餐都在那里解决。这里真有法国基地的样子，除了早餐，午餐和晚餐通常都是套餐形式。

在作为前菜的沙拉和汤之后，作为主菜的肉和鱼就上来了，而在奶酪时间，甜点就端了出来。奶酪时间！我之前并不知道，真正的法国菜中是一定会有奶酪时间的。没有怪味、口感醇厚的奶酪，表面带胡椒的变种奶酪，还有发酵味的轻蓝纹奶酪，面向资深爱好者的腐臭味的蓝纹奶酪，等等。从丰富多彩的奶酪陈列品中把自己喜欢的种类切分出来，满满地涂抹在外面硬邦邦、里面软绵绵的法棍面包上，再配上红酒一起享用，这是法国人最大的乐趣。

这真的很棒。奶酪、法棍面包和红酒这三种"神器"集中在一起，就连不会法语的我都不由得喊了声"Très bien"（太棒了）。我在凯尔盖朗岛彻底成了一个奶酪迷。回国后的一段时间里，我把日本的加工奶酪当作攻击对象，极力主张"奶酪这种东西啊还得是法式的"，都引得大家反感了。不可思议的是，一个月左右这个"毛病"就完全好了，我边说着"果然还是日本的加工奶酪合胃口"，边大口大口地吃了起来。

早餐也还可以。早晨，从床上起来，如果顶着睡得迷迷糊糊的脑袋草草地换件衣服就直奔食堂的话，那么刚开门就会有新鲜出炉的法棍面包在等着我。咔嚓一下，用手粗暴地掰开面包，抹上大量蜂蜜和黄油，再和用现煮咖啡制作成的牛奶咖啡（牛奶也准备了热的）配在一起享用，萝卜一样的法棍面包也变得容易下咽了。

基地里除了厨师之外，还有面包师兼西点师，他的工作是在每天早上烤制面包（主要是法棍面包，也有羊角面包等），制作午餐、晚餐后的甜点，除此之外的餐食一律不做。厨房的一角是面包作坊，配备了揉面用的大理石板和专用的巨型烤箱。不仅是面包，他制作的甜点也是绝品，比如巧克力蛋糕，外侧的巧克力明明烤得酥脆，但中心部分的巧克力却是黏稠得像快要流出来似的半熟状态。

日本的昭和基地自不必说，除了法国以外，其他国家的南极基地里都没有面包师。如果需要烤制面包，那就一定要有厨师。从基地运营的角度看，法国为了充分地享受美食，投入了大量的资金和劳动力。

话虽如此，法国并没有充足的基地运营资金。与充实的饮食相反，在凯尔盖朗岛这里明显被轻视的是信息通信。基地里要说可以用的网络，那就只有使用专用网址的电子邮件，网页是不能浏览的。

虽说是电子邮件，字符也是被严格限制的，而日语邮件有七成都是以乱码的形式发送，所以必须有高度的推测能力才可以解读。听说基地通信室里有一台可以浏览网页的电脑，我就去试了一下，结果连打开雅虎网页都需要 1 分钟以上的时间，没办法，我只好作罢。通信室里虽然也有电话，但打电话到日本一分钟就要 350 日元。顺便说一下，在日本昭和基地，电子邮件就不用说了，网页也可以自由浏览，电话之类的也是按照日本国内标准收费的。

对法国人来说，每天早上能吃到新鲜出炉的法棍面包，远比用网络查看每天的新闻重要得多。设置在南极和亚南极的世界各国的调查基地，致力于哪些生活基础设施，又忽略了些什么，都表现出了各自的特点，非常有趣。

世界第一的动物天堂

从法兰西港基地到鸬鹚调查地所在的普安斯山，徒步要走大约 20 公里的路程。

背着巨大的背包行军 6 小时是相当艰难的，但景色的珍奇使心情舒缓下来。凯尔盖朗岛虽然是连绵起伏的绿色岛屿，但一棵树都没有长，能一眼看到很远很远的地面，这非常有趣。这里到处生长着足球般大小的、几何形状的绿色植物，据说是野生甘蓝。将一片甘蓝的叶子翻起来，里面有一群像蚂蚁一样的黑色虫子密密麻麻地挤在一起，那居然是双翅目——苍蝇的同类。因为凯尔盖朗岛全年刮着暴风雨般的海风，苍蝇的翅膀起不了作用就退化了。虽然是苍蝇（fly）却不能飞（fly），它们真是罕见昆虫中的罕见昆虫。在海岸线上，像怪物一样的南象海豹横卧在那里，鼻子里发出呼啦呼啦的声音，当我们一从旁边走过，它们就一脸不耐烦地把头转向这边。

普安斯山像一个不属于这个世界的动物天堂。在碧绿的草地上，长着鲜艳的橙色喙的巴布亚企鹅正在育雏。有一只长得像狗一样的灰色野兽在周围跑来跑去，那是一只雌性的南极海狗。这些雌性海狗正在被像熊一样的雄性南极海狗热烈地追逐着。在草地的另一边有一个巨大的白色身影，仔细一看，原来是"空中王者"漂泊信天翁。走近观察，发现这只鸟现在正处于育雏期。在用草堆起的巢里，端端正正地坐着一只长着和父母一模一样的鸭子脸的雏鸟。

普安斯山的调查小屋搭建得非常简朴，水电都没有通。水是储存在塑料桶里一点点用的（当然也没有淋浴），而且只在必要的时候才会转动发电机发电。挤在一个两张榻榻米大小的厨房里吃饭，晚上则在像列车卧铺一样狭窄的双层床上铺的睡袋里睡觉。

如果说这与日本调查小屋之间的差异，那大概就是这里配备了燃气烤箱吧。对法国人来说，燃气烤箱是绝对不可欠缺的厨房用具，无论是肉、鱼，还是蔬菜，什么都可以放到燃气烤箱里。就连煮熟的意大利面最后都要放进烤箱烤得焦黄再吃，这让我很是吃惊。

说到做饭，在调查小屋里，虽说谁都不会做那么讲究的东西，但也不会只吃拉面和咖喱，而是会做一些地道的法国菜（那是当然的）。我还有所有的调查员们最喜欢的，是一道法式焗洋葱土豆，把土豆和洋葱切好放进锅里，在上面放一整个像生日蛋糕一样大的卡门伯特干酪，再放进烤箱里。充满着浓厚香气的正宗法国奶酪（我又说这种话了）融化成稠稠的白色酱汁，跟烤得焦黄的土豆和洋葱完美地调和在一起。

关于食物的话题没完没了，差不多该结束了，再说一点，法国人就连在调查小屋里也从不缺少饭后甜点。平时用巧克力和曲奇饼干就能解决，但有一次，一名调查成员揉好面粉，摆上切好的苹果放进烤箱，当场做了一个苹果派。那是一个保留了小麦原味的朴素的派，有温柔的法国家庭的味道。

最后是一个有点不文雅的话题。因为调查小屋里没有厕所，所以总用"蓝天厕所"来解决。小便的话随心所欲就好，但大便就必须到海岸去，寻找能够冲走"投掷物"的海水洼子。而且令人头疼的是，海水洼子周围大多是像熊一样的雄性南极海狗，它们一边发出"呜吼呜吼"的怪声，一边追逐着雌性。没办法，只好把目标锁定在一个退潮处，然后悄悄地从野兽旁边走过，一边高度警戒着四周，一边在别无其他状况的情况下暴露出毫无防备的姿态。

鸬鹚是朋友

　　在离调查小屋很近的海岸边有处悬崖，在其半山腰，凯岛鸬鹚用泥凝固筑巢，繁育雏鸟。与其他鸬鹚一样，凯岛鸬鹚也是一种可以在空中飞、在海里潜水的水空两栖鸟（只有一种叫作"弱翅鸬鹚"的加拉帕戈斯群岛鸬鹚，因翅膀退化而不能在空中飞翔）。这里值得一提的是它们的潜水能力。已知雄性凯岛鸬鹚能够潜到接近 100 米的深度，如果除去体形大小的差异进行比较的话，这种潜水能力甚至可以跟潜水专家——企鹅相匹敌。

　　我当初的目的是通过生物记录来详细调查凯岛鸬鹚的潜水行为，没想到阴差阳错地成功测量出了它们飞行时的速度，进而发展成揭示这种鸟的飞行能力的研究。说好听点是随机应变，说难听点就是没有计划性。但生物记录正是如此才有趣。

鸬鹚

214

捕获凯岛鸬鹚是件很开心的事情。我使用的是一种极其简单的捕获工具——在钓竿前端绑上代替鱼线的钢丝绳。锁定一个巢作为目标，把钢丝做成环形，悄悄靠近到 3 米左右的距离，从那里迅速地伸出钓竿，把鸬鹚纤细的脖子套进钢丝环里，用力一拉钓竿，鸬鹚就一边啪嗒啪嗒地扑腾着，一边被我拉过来。鸬鹚是强壮的鸟，所以即使是被如此粗暴的方式捕获也能泰然自若。从海上归来的鸬鹚向陡岸上的巢着陆时，有时会更激烈，几乎是以撞击的方式降落的。

记录仪用防水胶带安装在鸬鹚背部的羽毛上。此时使用的是由德国制造的"TESA"防水胶带，戴上的时候粘得牢牢的，揭的时候很容易就被揭下来，简直就像一件有魔法的东西。可以这样说，差不多鸟类的生物记录调查是靠 TESA 支撑的，全世界都在使用这种胶带。

凯岛鸬鹚的生活像上班族一样规律。每天早上它们一定会出海捕捉猎物，傍晚回巢。所以安装记录仪放生后，第二天一早检查鸟巢的话，就会发现背着记录仪的鸬鹚正端端正正地坐在同一个巢里。将它再次捕获并回收记录仪，前一天鸬鹚出海时的行动数据，都被好好地记录下来。

因为捕获鸬鹚的时候会被啄，导致手上的新伤不断，除此之外，凯岛鸬鹚是研究人员认为非常容易调查的动物。

偶然之上的偶然

数据收集得很顺利。每次捕获两只凯岛鸬鹚，安装上记录仪后放生，第二天或是两天后回收。在回收的第二天，再给另外两只鸬鹚安装、放生形成了循环。

回收的记录仪在当天就连接到电脑上下载数据。获得了什么样的数据，这是一个令人兴奋不已、心跳加速的瞬间。但是我没有时间详细地检查下载的数据。毕竟每天的实地调查都很忙，而且调查小屋用电都要去转动发电机。

其实在那个时候，我对调查小屋的生活感到有点不自在。每天的作业结束后，总是会和四五个调查成员一起吃晚饭（成员有时会更换）。在两张榻榻米大小的狭小厨房里紧紧地坐着，一边大口地吃着奶酪、面包和用烤箱做的肉菜，一边喝着红酒谈笑。但他们的对话全都是法语，所以我完全听不懂。一开始还会有人亲切地用英语帮忙翻译，但随着红酒的增加，翻译也中断了，变成了只讲法语的笑话。

当然，对方并无恶意，但在陌生语言且狂笑的空间里，每晚沉默地坐两三个小时是相当痛苦的，就连讨好的笑都疲惫不堪，像是看极度无聊的大长篇电影时一样，我希望快点结束。所以我经常以"去查看一下鸬鹚""去检查一下数据"为由，在晚饭的时候中途退席，然后漫无目的地在周边散步，或是用内置电池运行电脑来检查数据。当然，在意数据也是事实。

"咦？"我心想，今天的数据有点奇怪。

当时使用的记录仪是长15厘米左右的筒状金属体，前端装有用于测量游泳速度的螺旋桨。鸬鹚潜水时，螺旋桨会根据流速旋转，并设置为每秒钟记录一次旋转速度。在目前收集到的数据中，螺旋桨是以每秒四五十次的速度旋转。但是在这次数据中，为什么即使在鸬鹚潜水的时候，螺旋桨也丝毫没有转动呢？

我深深地叹了口气。游泳速度是我最想要的参数，正如在第二章中说明的那样，海洋动物的游泳速度中充满了许多的不可思议和魅力。我想要挑战一下那些不可思议，不论是当时还是现在，都在尽可能多地从动物那里收集游泳速度的数据。

"嗯？"我发现了更奇怪的事情。有一个时间段，鸬鹚明明没有潜水，但螺旋桨却在高速旋转。那似乎是与飞行的时间对应的。难道鸬鹚在飞行的时候，螺旋桨在空中旋转？

我混乱了。这个螺旋桨是为了测量水中的速度而设计的，在空中会迎风旋转这种情况，闻所未闻。

左思右想之后，我把刚回收的记录仪从工具箱里拿了出来，对着螺旋桨轻轻地吹了口气，顿时差点"啊"的一声叫出来。因为这款专为测量游泳速度而设计的螺旋桨，仅凭轻轻吹口气的程度是无法转动的，但它竟然开始高速旋转起来。

为什么会发生这样的事情？我检查了一下记录仪的螺旋桨，立刻就明白了原因。用来固定螺旋桨的回转轴上的螺母，也就是为了防止螺旋桨前后摇晃而从前面压住的螺母松动了。

其实就是这么回事。螺旋桨的设计是在螺母牢牢拧紧的状态下，也可以在水中顺利地旋转。因为水和空气的比重相差达800倍，所以通常不会因为空气的流动而导致螺旋桨转动。但是——虽然这是连制造商都没想到的——螺母适当松动的话，螺旋桨在转动时的物理阻力就会减少，那么即使在空中也能不停地转动。如此一来，就能够测量迄今为止世界上没有人测量过的、鸟类的对气飞行速度。

但是螺母为什么会松动呢？这个问题仔细想一想也就立刻明白了。"罪魁祸首"不是别人，正是凯岛鸬鹚自己。在安装好记录仪放生后不久，凯岛鸬鹚就注意到了自己背上安装的记录仪，于是总是把长长的脖子伸到背上，用喙去啄记录仪。虽然最后习惯了它就不再做这个动作，但我看到很多个体会这样做。所以或许是鸬鹚的喙在无意中戳到了记录仪的螺母，形成了没有比这更好的最佳松紧程度吧。我只能想到这些。

偶然中的偶然，没有想象到的事态。由于事情发展得过于急速，我都来不及转换思路。毕竟我脑子里只想着测量鸬鹚的潜水行为，根本没考虑过飞行的事情。夜深了，即使在小屋里裹着睡袋，我甚至还在后悔着："啊，要是把螺母再扭紧一点就好了。"但是第二天早晨醒来的时候，不可思议的是，我的思绪已经厘清了。螺母松动、螺旋桨可以在空气中旋转，其实是一个大发现。测量野生鸟类在飞行中的速度，而且是面对空气的对气速度的研究案例，至今还没有听说过。那么在这次实地考察中，我就尽可能地收集在鸬鹚飞行中的螺旋桨旋转次数的数据。等到回国后，再做个实验来研究螺旋桨旋转次数和风速的关系。如果顺利的话，这应该会成为世界上首次测量鸟类飞行速度的重大研究成果。

我决定把记录仪的螺母特意拧松之后再安装到鸬鹚身上。

在日本等待着的东西

调查船"轰隆隆"地在印度洋的中央前行着。我厌倦了在船舱里的电脑作业，来到甲板上一看，蔚蓝的天空，晴空万里，迎面吹来的风令人心情舒畅。在凯尔盖朗岛长达 4 个月的滞留终于结束了，我踏上了归途。

我想着，回到日本后先吃些什么呢？虽然法国基地的饭菜好吃得无可挑剔，但即便如此，这时候从生理上来说还是渴望日本料理。拉面也好，生鱼片也好，最想吃的还是白米饭。想把热气腾腾的米饭盛得满满的，和有咸味的菜——最好是韭菜炒猪肝之类的——一起扒拉进嘴里。如果旁边再有几片腌萝卜，那就更好了。

回去后，我还想尽快地进行风洞实验。通过把固定螺旋桨的螺母故意拧松来使用这种或许算是奇特的方法，收集了大量的鸟类在飞行中的螺旋桨旋转次数的数据。但还没有确定这个数据是否真的代表着鸟类的飞行速度。为了确认这一点，必须使用用于航空力学实验的风洞，来调查研究螺旋桨旋转次数和空气的流入速度之间的关系。也就是说，必须确认螺旋桨旋转次数是否会随空气的流入速度直线增加。如果不顺利的话——光是想想就毛骨悚然——那我4个月的辛苦就徒劳无功了。

船尾的天空中信天翁在飞舞，它长长的翅膀向左右展开，反复地上升、下降和回旋。仔细一看，确实是上升的时候减速、下降的时候加速的摆锤运动，是一边交换着势能和动能，一边借着顺风来增加能量总量的动态滑翔。

风洞实验的结果无可挑剔——在用于航空力学实验的风洞中，设置拧松了螺母的记录仪，再阶段性地提高风速。于是，螺旋桨的旋转次数也相应漂亮地阶段性上升了。这就意味着，螺旋桨的旋转次数正确地表示了鸟的飞行速度。并且套用这个关系式可知，凯岛鸬鹚的飞行时速是45公里左右。

时速45公里意味着什么呢？套用物理模型来计算的话，这个速度对凯岛鸬鹚来说是消耗能量最少，也就是对身体的负担最小的速度。

鸬鹚体形比较大，有着适合潜水的体格，所以总的来说它们不擅长飞行。说是飞，它们也不是轻盈地在风中飞舞，而是啪啦啪啦地笨拙地直线飞行。潜水和飞行是不同性质的运动方式，无论哪一项都能发挥出高水平，这在原则上是不可能的事情。

为了弥补这种不擅长，凯岛鸬鹚准确地选择了对身体负担最小的速度来飞行。

于是我在世界上首次成功地直接测出了鸟类的飞行速度。奇怪的是，教给我这个方法的，是鸟类自己。

话说回来，从凯尔盖朗岛回国之后我便直奔而去的，是一家位于池袋车站东口的极为普通的居酒屋连锁店。最先端上来的，我永远也不会忘记，是放着调味干笋的小碟。"顶多不就是个干笋嘛。"我这么想着然后放进嘴里——真好吃！！

尾 声

生物学大致有两种研究方法。举例来说，我们先来挑战一下"水对于哺乳类动物来说意味着什么"这个大课题吧。

一种方法是，将具有哺乳类动物典型的身体构造，且实验起来也容易的老鼠等代表品种进行彻底研究。依次调查水在老鼠的体内是如何被吸收的，增加水分摄取量的老鼠和减少水分摄取量的老鼠会产生怎样的生理反应，等等。这是传统的方法。

另一种比较新的方法，就是调查作为哺乳类来说最不典型的动物，比如即使一整天都不喝水，也满不在乎地继续在沙漠中行走的骆驼。当然，骆驼并不是能够轻易在动物饲养室里饲养的动物，只是采血、测量体重，都需要好几个人参与。要说调查所需的时间和费用，老鼠是没法与之相比的。但是，如果我们能弄清楚骆驼与其他哺乳类动物相比，能用极少的水分摄取量来维持正常的生命活动的相关机制，那无疑就是回答了"水对于动物来说意味着什么"这个生物学的根本问题。

是将典型深挖，还是从特例中发掘，哪种都是合乎逻辑的正确方法，没有优劣之分。但对我个人来说，后一种方法更强烈地吸引我。这是因为从特例中揪出本质，我在这个别出心裁的技巧中感受到了人类的智慧；而且更重要的是，我觉得比起调查普通动物，调查不普通的动物更令人兴奋。

于是在本书中，自始至终，我都把聚光灯打在了可以称之为特例的动物身上——潜得最深的鲸，飞得最广的鸟，游得最快的鱼。大家明白了吗？正是从这些拥有杰出运动能力的动物中，我们才能清楚地看到与生物的本质相关的内核。

重申一下，从特例中挖掘本质的方法尚未发展很长时间。据我所知，这个方法的鼻祖之一，就是生物记录的开拓者——本书介绍过的"生理学巨人"肖兰达。他不厌其烦地反复进行实验，研究海豹为什么能长时间地屏住呼吸，这不仅是因为海豹的潜水行为很稀奇，而是因为他认为通过对海豹这种具有异能的哺乳动物进行详细调查研究，就能回答对于动物来说"氧气是什么"这一生物学的根本问题。

那么最后，要与大家分享的是关于我现在正在进行的研究。

目前，我正在推进调查鲨鱼的生理生态的研究项目。虽然笼统来讲，鲨鱼也有 500 多个种类，但作为希望继承肖兰达志向的我，不会选择像皱唇鲨和星鲨这样普通的鲨鱼。而对有着非常有趣特征的鲨鱼中的鲨鱼，即因电影《大白鲨》而闻名的噬人鲨，我正在稳步地进行着相关研究。

就像在正文中说到的，包括噬人鲨在内的鼠鲨目鲨鱼虽然也属于鱼类，却具有能保持高体温的特殊生理构造。与"鱼类是变温动物"这个常识无关，噬人鲨是特例之上又特例的鱼类。因此，我相信通过对噬人鲨进行详细调查，不仅能增加对这个物种的生物学知识，还能逼近对生物来说"体温是什么"这一根本性的问题。

如果肖兰达突然复活，开始调查鲨鱼的话，一定也会这么做的。

在本书的写作过程中，我得到了很多人的帮助。我要向在正文中以真名出场的研究同行们致以衷心的感谢。特别要感谢作为生物记录的"广告塔"、一直三头六臂般活跃着的佐藤克文先生。总是积极得令人吃惊的内藤靖彦老师，在他本人出场的第三章的原稿中，附上了密密麻麻的评论。多亏了弥富秀文先生对 Argus 系统的指点，我才记录了更准确的信息。请"行走的论文库"高桥晃周先生帮忙将原稿检查了一遍，这让我在图书即将出版前夕仿佛吃了颗定心丸。对于只写过短文的我来说，本书的执笔岂止是全程马拉松，简直是100 公里的超级马拉松，但是河出书房新社的高野麻结子女士，陪着叫苦连天的我走到了最后。

如果能在下一部著作中再次见到各位读者，我将感到非常高兴。

渡边佑基

2014 年 2 月

为文库版所作的后记

本书出版于 2014 年，也就是我 35 岁的时候，是我闪亮的处女作。虽然在一些知名作家的处女作中总会有"忘我地用一周时间写完，所以什么都不记得了"这样的逸事做插曲，但本书却是我花了一年半以上的时间才得以完成，可谓泪之劳作，就连细节到现在我都还记得很清楚。因此在这里，我想回顾一下本书的创作过程，另外再对科学上的内容做一些更新。

在我 20 多岁还是研究生的时候，开始对写文章感兴趣。当时正流行着一种叫作博客的网络日记，我会将研究的内容和每日杂感等在网络上公开发表。此外，我还时常将研究成果提炼成短文，发表在一些小型研究会的会报上。作品被评价为非常有趣——这样的事情完全没有发生过。但世界上总有与众不同的人，在 2012 年的某一天，河出书房新社的编辑高野麻结子女士（以下称为 T 女士）联系了我，向我提出了"要不要试着写本书"这个让我怀疑自己耳朵的提议。

我非常犹豫。虽然很感兴趣，但心里满是不安。因为写博客和一两页的会报文章，与写一本书之间，在"物理意义"上是不同的。

比如，每周在室内泳池里游泳的人，突然接到邀请："虽然很突然，但你如果会游泳的话，要不要试试横渡多佛尔海峡呢？"这个人会接受吗？不，这不只是量的问题。根据自己的研究内容组织成一篇故事，这是我从未尝试过的未知世界。而且坦白地说，为了执笔一本书而牺牲作研究的时间，我对此也有过犹豫。

但是，在犹豫之后，我还是接受了委托。直截了当地说，是因为好奇心超过了不安。另外，一提到书眼睛就变成心形的 T 女士燃起了我的"爱书癖"之魂。即使失败了也不会失去什么，所以我想先尽力去做做看。

于是，漫长的创作过程就开始了。这就像我和 T 女士在打网球一样。我每写一章原稿，就用邮件把"球"发过去，然后 T 女士附上评论，"哐"地把"球"打回来。然后我进行修改之后，再"嗨哟"一声把"球"打过去。但是，这一个来回就需要一个月以上的时间，属于超慢节奏的网球。回想起来，当初刚开始执笔的时候，我干劲十足，而且感到责任重大。我坚信创作与科学相关的书，就是在写一本会摆在图书馆的书架上流传后世的相关领域的教科书，所以自始至终都是不加修饰的客观记述。那时，T 女士跟我说："请多写一些渡边先生你的事情。"她强调，比起研究内容，读者更想知道的是渡边先生是怎样推进、以什么样的心情进行这项研究的。

我一直相信，科学书籍的读者需要的是正确的知识和细致的解说，而不是像我这样的无名小卒的无聊闲谈，所以 T 女士的话让我很意外。但是，既然站在图书制作第一线的人都这么极力主张了，那么我想也许的确应该如此。

于是我慢慢地放松下来，开始讲述一些实地考察的小故事和失败经历等，用来点缀书稿。另外，关于科学的解说部分，我也改变了教科书式的写作手法，开始有意识地采用幽默、轻松的语调来写作。本书的风格就是这样通过与T女士的交流而形成的。

现在重读本书，我觉得有趣的是每一章的故事结构和文章表达都很流畅。第一章"迁徙"的部分，还有说写作风格之类的内容，或者我还给人一种迷茫的状态。不过到了第五章"飞行"的部分，给人的感觉是我一边让自己认为有趣的故事发挥出表演效果，一边坦坦荡荡地推进故事的发展。可以说，通过与T女士激烈的连续"对打"，我掌握了自己的网球打法，这个过程被原封不动地记录在本书之中。

随着本书轮廓的形成，我自己的"特色"也开始出现了。说得好听点是执着，说得难听点是对细枝末节犹豫不决，直到最后都耿耿于怀、不干脆。即使T女士从"温柔的编辑"彻底蜕变为"魔鬼催稿人"，到了完稿的最后阶段，我也没打算停止修改细节，以至于被告诫了好多次"差不多就请停止吧"。不管怎样，对我来说的"特色"是，每章都以一个离奇的开场开始，在科学的解说之后加入简洁的总结，最后以实地考察的经验之谈收尾这样的共同结构。可能有读者注意到了，作为一本与科学相关的书，本书完全没有图表出现，这是非常罕见的。这是因为我希望这本书不仅是一本关于科学的解说书，还能成为一本有趣的读物。

回顾一下从本书的出版到 2020 年这 6 年期间，我认为生物记录的世界并没有发生革命性的变化。只是规模还在继续扩大，越来越多的研究人员开始在许多动物的身上安装电子设备。本书介绍的主要是海洋动物的事例，但陆地上的鸟类和哺乳类动物的研究事例也在剧增。生物记录不再是部分研究人员所使用的特殊研究方法，对动物研究人员来说，这正在成为一种理所当然的、可以称之为基础的研究方法。

不过如此说来，有一个应该更新的信息，那就是关于动物界的潜水冠军是谁，即本书第四章中讲述的话题。在本书中，"唯一能到达其他动物都到无法到达的深度"的动物，是有 2035 米潜水纪录的抹香鲸。但是我也提醒，这个纪录将来可能会被"蒙着神秘面纱的超精英潜水员军团剑吻鲸科"打破。

果然，在本书出版后，有一篇对剑吻鲸（剑吻鲸科中叫作"剑吻鲸"的品种）的潜水行为进行了几个月测量的论文发表了，文中报告了比抹香鲸的纪录高出近 1000 米的、最大为 2992 米的潜水深度——这差不多有 3 公里。借用本书的说法，就是剑吻鲸能够屏住呼吸，潜到一个让乘鞍岳和立山 ❶ 都可以完全被淹没的、不可思议的深度。剑吻鲸被记录到的最长潜水时间为 138 分钟。可以这么理解，从一部电影的开始到结

❶ 乘鞍岳和立山都是日本名山，海拔都在 3000 米左右。

束的时间里，剑吻鲸都能够抑制住呼吸。

真是种终极潜水动物。这个关于剑吻鲸的新纪录告诉我们，观察有出奇能力的生物的乐趣，也激起了我们纯粹的好奇心，想知道它为什么能做到那样。长时间潜水背后的基本机制，正如在第四章中解说的那样。

正因如此，动物界的潜水冠军被确认为剑吻鲸科。今后，无论调查有多少进展，都不会再有潜水深度大幅超过2992米的纪录了吧。

最后是关于本书的一个内幕。在即将看到写稿工作的终点之时，最大的问题就是起书名。虽然这在制作图书的时候好像是很常见的事情，但本书的写稿工作一直是以"无名氏"的状态进行的。

很明显，书名是一本书的脸面，所以我想配上一个经过反复推敲的最好书名。但我渐渐意识到，这实在是太难了。

从本书的内容可以想到的是，例如，"为什么海豹能潜水1小时？"这样疑问句形式的书名。的确，为了在书店引人注目，这种书名或许很有效，但我不喜欢这种既廉价且非文学性的感觉。对于突然以文学家自居的我来说，书名这种东西，必须是通过将浅显词汇进行出人意料的组合，来引发一个新的印象。更进一步说，我觉得越短越酷。比如，司马辽太郎的《坂上之云》，三岛由纪夫的《春雪》，村上龙的《来自半岛》，等等。

于是，无论在家里、工作单位，甚至上班的路上，我都一边嘟嘟囔囔，一边反复思量，要与本书的内容一致，用浅显的词汇出人意料地组合而成的短书名。

有一天，灵感突然降临。奇迹般的书名终于清晰地浮现在我的脑海之中！我激动不已地立刻打开电脑，给 T 女士发了一封邮件。

——《企鹅轻快的运动学》

"怎么样？简短且准确地表达了本书的内容，是个很棒的书名吧？"我对 T 女士说道。当然，这个"轻快"是一种决定了"轻快地阅读"和"轻快地游泳"的高超技巧哦。

5 分钟之后，T 女士反应非常冷淡地回复了我："您提议的书名，我有点不明白……"

结果，绞尽脑汁想出"企鹅告诉我的物理故事"这个书名的是 T 女士。虽然从字数上来说不算短，但通过"企鹅"和"物理"这两个词的意想不到的组合，引发了新的印象，这一点接近我的理想。或许是书名的作用，本书受到了许多读者的认可，再版了。更进一步的是，侥幸出版了文库版。

回顾本书的制作过程，自始至终都是我和 T 女士在共同协作。第一次写书对我来说是一场跌宕起伏的大冒险，但我想，这对于边引导默默无闻的我打开广阔的视野，边巧妙地软硬兼施推进每一个过程的 T 女士来说，也是一次艰难的走钢丝吧。象征性地说，本书的制作过程虽然像是小学运动会上进行的"两人三足"比赛，但实际上却感觉像是跑全程马拉松。

　　所以我衷心地感谢 T 女士，但只有一个疑问，"企鹅轻快的运动学"这个书名真的这么差劲吗？

渡边佑基

2020 年 4 月